本书由北京印刷学院学科建设和研究生教育专项"新闻与传播专业硕士产学研联合研究生培养基地建设"（21090119013）、"新闻传播学一级学科特色发展"（21090124002）资助出版

APP

帮助更好地掌握
未来APP的发展方向和趋势

魏 超　谷 征　编著
刘泽溪　刘雨聪

时代

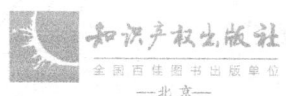

图书在版编目（CIP）数据

APP 时代/魏超等编著 . —北京：知识产权出版社，2024.8. —ISBN 978-7-5130-9505-1

Ⅰ . TN929.53

中国国家版本馆 CIP 数据核字第 2024G2E908 号

内容提要

本书包括"APP 时代的媒介化生存""APP 时代的内容生产""APP 时代的用户行为与社会化交往"三部分内容。借助案例的呈现与分析，深入阐释了用户行为影响因素以及现实世界的真实情感与利益动机是如何在媒介化生活空间中得以投射，进而探讨 APP 如何实现用户需求的满足。

本书适合传播学与广告学研究者、互联网行业从业者阅读。

责任编辑：高　源　　　　　　责任印制：孙婷婷
执行编辑：肖　寒

APP 时代
APP SHIDAI

魏　超　谷　征　刘泽溪　刘雨聪　编著

出版发行：知识产权出版社有限责任公司	网　址：	http://www.ipph.cn
电　话：010-82004826		http://www.laichushu.com
社　址：北京市海淀区气象路 50 号院	邮　编：	100081
责编电话：010-82000860 转 8745	责编邮箱：	laichushu@cnipr.com
发行电话：010-82000860 转 8101	发行传真：	010-82000893
印　刷：北京中献拓方科技发展有限公司	经　销：	新华书店、各大网上书店及相关专业书店
开　本：880mm×1230mm　1/32	印　张：	9.5
版　次：2024 年 8 月第 1 版	印　次：	2024 年 8 月第 1 次印刷
字　数：206 千字	定　价：	68.00 元

ISBN 978-7-5130-9505-1

出版权专有　　侵权必究
如有印装质量问题，本社负责调换。

走进 APP 时代

记忆中是2006年，我刚调入北京印刷学院不久，新买的笔记本电脑上装的是一套最新的操作系统——Windows Vista。这个寿命不长的操作系统，是微软公司继 Windows XP 之后的一次重大革新，引入了全新的图形用户界面，在桌面左上角出现了时钟、日历和天气预报等可选小插件。当时有文章说，未来的网络将是"小插件的世界"，我甚是不解。

今天看，Windows Vista 的"小插件"就是一些小巧、快速、简便的应用程序，可以添加到 Windows Vista 的侧边栏（sidebar）中，提供一些实用的功能和信息，也称 sidebar 小工具。可与其他应用程序集成，也可供第三方人员开发，为用户提供更多、更直接的信息、功能和服务。

时间很快到了 2008 年，苹果手机进入中国，大大的触摸屏上满满都是"小插件"。也就是在那一年的 7 月，苹果应用商店（APP Store）上线。一开始 APP Store 里只有 500 个应用程序，但数日后下载量达到上千万，一年后下载量突破 10 亿。至今，APP Store 上线的 APP 数以百万计，用户数以 10 亿计，覆盖了数以百计的国家和地区。

APP，全称 Application，中文是"应用"的意思，通常指智能手机的第三方应用程序。这些应用程序由第三方开发者开发，用于提供特定的功能或服务，如社交媒体、游戏、购物、支付等。您手机里的微博、微信、抖音、快手、小红书、哔哩哔哩等，都是APP。用户可以在应用商店上搜索、下载、安装和使用它们。其中，微博和哔哩哔哩原先都是网站，后来都化身APP，进入了手机系统，出现在手机屏幕中。

小插件和应用程序略有区别。应用程序通常是一个完整的软件，具有完善的功能和界面，可以稳定地完成特定的任务或提供一系列服务。用户通过双击图标来启动，并独立运行在操作系统中。而小插件则是一种轻量级的应用程序，通常是为了扩展操作系统或某个应用程序的功能而设计的，提供一些简单、实用的功能和信息，能够方便地与操作系统或应用程序进行集成。总体来说，应用程序和小插件都是为了方便用户的使用，提高其工作效率。

2013年，马化腾等人提出"移动互联网才是真正的互联网"。国内权威机构随后将APP定义为：可安装在移动智能终端内，能够利用移动智能终端操作系统提供的公开开发接口，实现某项或某几项特定任务的应用程序。根据中华人民共和国工业和信息化部全国APP技术检测平台统计，截至2023年3月底，国内市场上监测到活跃的APP数量为261万款，移动应用开发者数量为82万，其中Android APP开发者为24万，iOS APP开发者为58万。2023年3月，Android APP商店在架应用累计下载量达542亿次。毫无疑问，这是一个极大的数量规模。

设计或评价一个APP，需要综合考虑多个方面的情况，包括目标用户、开发技术、界面设计、核心功能、测试优化、发布和维护等。只有真正符合用户需求、简单实用的APP才能赢得用户的喜爱和信任。例如，微信是目前国内使用量最大的社交 APP，日活跃用户早已超过了 10 亿。除社交功能外，微信还提供支付、购物、阅读、游戏等多种服务，进一步扩大了其用户群体和影响力。研究移动智能终端上每一个有代表性的 APP，已经成为新闻传播学新媒体研究方向的重要课题。

应该说，APP 的市场主要由以下五个方面构成。

①供给者，这是指 APP 的开发者，他们根据市场需求和趋势，设计和开发各种功能和用户体验不同的 APP，满足用户的不同需求。

②需求者，这是指广大的 APP 用户，他们通过各种平台和应用商店下载和购买 APP，使用这些 APP 来满足自己的工作、生活和学习等方面的需求。

③平台和渠道，这是指各种 APP 的分发平台和渠道，负责将供给者开发的 APP 推荐给需求者，并提供相应的下载、安装和管理等方面的服务。

④支付和结算，这是指 APP 的付费机制和收益分配机制，供用户购买 APP 或进行内购操作，同时将收益分配给开发者、平台和渠道等各方。

⑤政策和法规，这是指政府对 APP 市场的监管。政府通过制定相关政策和法规，对 APP 市场进行规范和管理，保障市场的公平竞争和用户的合法权益。

总之，APP 的市场结构是一个复杂的生态系统，涉及众多的参与者和利益相关者。市场结构的变化和发展，将直接影响 APP 的创新、开发、分发和商业变现等方面。

APP 的类型可以根据不同的标准或从不同的角度进行划分。

以下是五种常见的分类方式。

①根据平台：APP可以分为iOS APP、Android APP、Windows APP等，也可以分为网页APP和桌面APP。

②根据功能：APP可以分为社交APP、游戏APP、工具APP、金融APP等。

③根据开发方式：APP可以分为原生APP、Web APP和混合APP。原生APP是指使用特定平台的语言和工具开发的，能够充分利用平台提供的特性和功能的APP。Web APP是指使用HTML、CSS和Java Script等Web技术开发的，能够在多个平台上运行的APP。混合APP则结合了原生APP和Web APP的特点，可以使用一些跨平台的技术来开发，同时也可以利用平台提供的特性和功能。

④根据使用场景：APP可以分为娱乐类、生活服务类、旅游类、电商类、社交类等。

⑤根据商业模式：APP可以分为免费APP和付费APP。免费APP通常通过广告、推送付费内容等方式实现商业变现；付费APP则需要用户付费购买才能使用。

总之，APP的分类方式多种多样，不同的分类方式可以反映APP不同方面的特点。同时，随着技术的发展和用户需求的变化，APP的分类方式也会不断变化和演进。

鉴于移动设备如日中天，移动应用方兴未艾，本书认为我们所处的时代，就是一个APP时代，并以此为本书命名。多年来，在新闻与传播专业研究生的课堂上，我一直带着研究生们关注最热门的APP，要求就其属性、类型、功能、特征、盈利模式、运营方式等作出具体、深入的分析。2015年，我和白雪，陈璐颖两位研究生共著《微博与微信》一书，由企业管理出版社出版；2021年，带团队编著《应用创新驱动产业发展——数字内容产业观察报告》，由知识产权出版社出版。今年，喜见谷征副院长再组团队，再出新书，绍继有人，甚觉欣慰。

随着互联网技术的不断进步，特别是人工智能的迅猛发展，今后可能会有更新的移动应用平台取代现有平台，就像十几年前移动端取代电脑端一样。但无论平台有什么样的变化，应用程序怎样改头换面，北京印刷学院作为面向文化产业核心领域、行业特色鲜明的高校将一如既往地密切关注数字内容呈现方式、载体形式及传播方式。

时间回到2006年，北京印刷学院广告学专业和中国轻工业出版社策划了一套媒介研究丛书，确立了媒介研究这一重要研究方向。多年来，广告学专业教学团队在这一领域持续耕耘，虽学术成果尚为有限，但学术视野已经拓展。尤其在新媒体方向上，孜孜以求，久久为功，曾于2009年成功申报"媒介创意与策划"本科专业，后依从教育部改为"网络与新媒体"专业并顺利招生，现已是国家重点建设的一流本科建设专业，隶属新闻传播学院。新闻传播学院今后将继续在媒介研究领域精耕细作，力求有更多收获。

是为序言，并为祝愿。

魏 超

2024年2月

前　言

APP全称Application，指"移动应用服务"，是针对手机等移动设备连接到互联网的业务或者无线网卡业务而开发的应用程序服务，人们可以通过APP应用程序在移动设备上快速获取新闻、参与网络社交、享受数字阅读、体验网络游戏、观看视频图片、感受数字音乐等。移动环境下的APP不仅极大地丰富了人们的日常生活，其迅速大量的创新开发、更新迭代，也延伸出越来越多元、细化的功能来满足用户需求，推动了商业模式和服务模式的创新。随着APP时代的到来，知识付费、KOL（Key Opinion Leader）经济、AIGC变革等新的现象和热潮共同繁荣，应运而生，为移动互联网应用创造了更多商业机遇和新的创造性。

我国的移动互联网行业的发展经历了快速的变革与成长。中国互联网络信息中心（CNNIC）发布的第53次《中国互联网络发展状况统计报告》显示，截至2023年12月，我国网民规模达10.92亿人，较2022年12月新增网民2480万人，互联网普及率达77.5%。伴随坚实的技术基础和用户数量的增加，移动互联网应用的类型和数量也呈爆炸式增长。根据《2024年中国移动互联网行业研究报告》，我国目前的移动互联网业务主要涉及医疗、旅游、文化、自媒体、餐饮、打车APP、电影院线、汽车租赁等众多行业。

近年来，政府相关部门密集发布了一系列政策文件，如《关于开展APP违法违规收集使用个人信息专项治理的公告》《中华人民共和国网络安全法》《移动互联网应用程序信息服务管理规定》以及《APP违法违规收集使用个人信息行为认定方法》等，旨在加强对移动互联网行业的规范和引导。如今，我国在经济向高质量发展转型的背景下，越来越注重促进科技创新、拓展新业态和扩大内需。例如，针对生成式人工智能的政策不仅提供鼓励和支持，而且还着手完善监督体系，以确保在技术发展的同时，社会和用户利益也得到保护。

本书结构包括三部分，共17篇文章。

第一部分是APP时代的媒介化生存，通过数字劳动异化、平台传播策略、知识服务、运动应用社区、声音景观的平台构建等方面的具体案例研究，讲述在不同的传播形式下，诸多移动应用如何进行媒介化生存。

第二部分是APP时代的内容生产，进一步通过拟剧理论、媒介可供性等理论视角阐述用户如何在APP平台上来完成内容生产和自我呈现，涉及创新模仿、文化呈现、用户社群、二次创作等内容创作形态。APP时代下的大众对于内容生产体现着高度的热情，爆炸式增长的用户生产内容（UGC）对专业生产内容（PGC）产生了巨大冲击。作为"生产者"和"消费者"的用户不仅能够进行生产，也协调着"用户与用户""用户与平台"等多方关系。

第三部分是APP时代的用户行为与社会化交往，将研究聚焦于用户的多样化行为上，包括自我消除行为、匿名社交行为、中老年用户行为、碎片化学习行为、媒介化社会交往及互动行为等。作者借助案例的呈现与分析，深入阐释了这些行为受到了哪些因素的影响，以及现实世界的真实情感与利益动机是如何在媒介化生活空间中得以投射，并进而探讨如何实现用户需求的满足。

目 录

第一篇　APP 时代的媒介化生存

小红书 APP 颜值博主数字劳动异化研究　｜刘雨聪　／　003

旅游目的地小红书传播策略研究
　　——以故宫为例　｜周娟娟　／　024

"学习强国"APP：社会化传播模式下的知识服务
　　｜苏　琴　／　040

运动类软件社区功能对于健康传播效果影响研究
　　——以健身软件 Keep 为例　｜高诗晴　／　055

声音景观在中文播客平台的构建
　　——基于对小宇宙 APP 的实证分析　｜段　然　／　068

第二篇　APP 时代的内容生产

拟剧理论视域下小红书中图文博主的自我呈现策略探析
　　｜张　露　／　087

媒介可供性视域下青年短视频创作情感诉求研究
　　——以抖音 APP 为例　｜徐纪雪　／　101

拍同款：抖音用户对于短视频的模仿与创新研究
　　│ 杨金洁　　　　　　　　　　　　　　　　　　／　116
海外华人抖音博主对中国东北文化呈现的建构
　　│ 张子依　　　　　　　　　　　　　　　　　　／　134
社群、差异、发展：抖音社群的受众自我呈现分析
　　│ 胡方杰　　　　　　　　　　　　　　　　　　／　146
UCG 模式下 IP 二次创作的社交化生产动机研究
　　——以 LOFTER APP 为例　│ 夏恩涵　　　　　／　162

第三篇　APP 时代的用户行为与社会化交往

自我呈现视角下"90 后"微博用户的自我消除行为探析
　　│ 李　瑶　　　　　　　　　　　　　　　　　　／　181
扎根视阈下匿名社交价值探析
　　——以 Tape APP 为例　│ 鲁月嘉　　　　　　／　194
中老年人使用快手 APP 的行为及影响研究
　　——基于知沟理论　│ 王　琪　　　　　　　　　／　214
碎片化情境下学习类 APP 用户打卡行为的动机研究
　　│ 高龙梅　　　　　　　　　　　　　　　　　　／　233
大学生在社交平台的自我呈现对主观幸福感的影响研究
　　——以哔哩哔哩为例
　　│ 崔严文　马梦君　王亚萍　邵琳茗　　　　　　／　250
互动仪式链视域下用户互动行为探究
　　——以"微信运动"功能为例　│ 孟依璘　　　　／　278

第一篇　APP 时代的媒介化生存

小红书APP颜值博主数字劳动异化研究

刘雨聪

1 研究背景

当今社会正向着表象化转变，网络的传播力使"面孔吸引力"（facial attractiveness）效应在更大范围内产生影响。改革开放以来，我国的经济发展突飞猛进，近20年，随着网络技术和社交媒体的飞速发展和普及，国民消费方式和结构都发生了巨大变化，而消费行为的转变与意识形态密不可分。

在消费社会中，由于人们对于美和审美的追求产生了一系列的"颜值经济"。"颜值即正义""靠脸吃饭"等流行语的出现也体现着人们对高颜值的喜爱和向往，越来越多的人接受和追捧网络红人，在网络环境下，网络红人以媒介为载体，交汇图像和审美、商业和政治、信息与娱乐、真实与虚幻，早已演变成网络媒体神坛下的媒介奇观。[1] 在网络社交环境中，自我展演和分享似乎成为一种常态，加之"面孔吸引力"在注重视觉

---

[1] 沈福林. 媒介奇观下人物符号传播功能研究——以丁真为例 [J]. 新闻前哨，2021（3）：55-56.

表现的虚拟场域中所激起的颜值崇拜，使得更多自我欣赏的个人走上展演的前台。

UGC 的技术便捷性和社交属性也为颜值博主的涌现提供了市场空间。本文研究所选取的"小红书"社交电商平台定位在年轻人的生活分享平台，其月活跃用户数量庞大，同时用户结构呈年轻化趋势，用户性别以女性为主。根据新红数据的调查结果，2021 年 9 月，小红书新榜指数前 100 的小红书博主，主要围绕美妆、穿搭、健身等塑造美丽形象的内容进行分享。平台塑造的"美丽神话"吸引了男男女女主动进行自我呈现，以获取赞美和物质回馈。然而虚拟场域中的颜值崇拜也使得"颜值博主"被数字劳动和媒介凝视所异化，并影响更多追随颜值崇拜的受众，虚拟创作和现实生活界限模糊，带来普遍的颜值追求和容貌焦虑。

2　文献综述

2.1　数字劳动异化相关研究

当前的数字劳动异化研究主要从卡尔·马克思的异化劳动理论发展而来。马克思在《1844 年经济学哲学手稿》一书中讲道："异化劳动"是一种在相对固定的"空间"与"时间"中人的对象化活动与生命本真的梳理。[1] 英国学者克里斯蒂安·福

---

[1] 马克思. 1844 年经济学哲学手稿 [M]. 中共中央马克思恩格斯列宁斯大林著作编译局, 译. 北京：人民出版社, 2018：63.

克斯首先从数字劳动的资本主义剥削本性出发,将"数字劳动"定义为在"互联网传播技术的帮助下资本积累所需要的劳动",其后续又以马克思政治经济学为研究数字劳动的立论基础,拓展了马克思劳动价值论的数字劳动理论内涵,并考察了全球数字劳动的多种形式,进一步深化了数字劳动的含义:"包括了所有形式的有偿劳动和无偿劳动的存在,所需的数字媒体的生产、扩散和使用。"[1]

在中国知网(CNKI)中,以"数字劳动"为关键词检索(2008—2023年),共检索到 1861 篇相关文献。检索结果表明,国内学者对"数字劳动"这一关键词的关注度在逐渐提升。学界对该领域的关注以结合马克思劳动价值论、马克思异化劳动理论对数字劳动和技术拜物教的批判为主,在理论上对马克思劳动价值论加以继承和创新。而在新的数字时代背景下,在对福克斯的数字劳动研究中,对"非物质劳动"的否定表现出一定的理论局限性,于是学界的研究重心逐渐转向现实社会中参与数字劳动的劳动主体及其"情感加持下的数字劳作"[2]。与 UGC 相关的数字劳动研究文献对本文研究内容具有更贴切的参考价值。胡冰在研究中发现,大学生在社交媒体上的劳动行为会在一定程度上引发青年人际交往、生活方式与身份认同焦虑及劳动主体性的异化、劳动产品对劳动者异化的反噬以及劳动

---

[1] 张媛,许成安. 数字资本主义下数字劳动的主体性发展困境与出路——马克思主义视域下的数字劳动批判[J]. 江汉论坛,2022(12):13-19.

[2] 蒋璐."数字劳工"的"情感劳动"——网络直播用户行为逻辑研究[D]. 兰州:兰州财经大学,2023.

主体对抗异化的缄默化行为。❶ 马淮和林珏以网络数字信息的视角探寻数字新型经济模式，认为新的科技促进了生产力的发展，但是在资本主义的网络工厂中，数字劳动的异化成为必然，成为资本的新型剥削手段。❷ 当前，我国学者对移动互联网时代网络经济下的新产物、新型从业者的数字劳动也开展了相关研究。熊亚琴和郑智斌在对"直播+电商"商业模式的研究中发现，电商直播时代的消费者不再是传统意义上的消费者，而是蜕变为传播政治经济学视野中的免费"数字劳工"，并成为资本积累和增值的关键一环，承受着资本联盟和自我的双重剥削。❸ 吕鹏在阐释"线上情感劳动"与"情动劳动"这两个既相互区别又相互联系的理论时，认为在重视短视频/直播时代的劳动特性，与深入具体在线平台的情境作为研究和考察的基础上，这两种不同理论的交叉勾连是能够更好地服务于我们对当下数字平台和数字劳动的理解。❹

2.2 颜值博主相关研究

"颜值"是一个常用的网络流行语，是指对外貌体征的一种量化评价，"颜值博主"顾名思义，是颜值经济视域下依靠展示个人颜值进行长期稳定的内容创作进行并实现流量积累的特殊

---

❶ 胡冰. 分裂、反噬与迷失："玩乐劳动"视角下青年社交媒介使用异化[J]. 华侨大学学报（哲学社会科学版），2019（2）：126-135.

❷ 马淮，林珏. 数字经济视域下的数字劳动异化和资本积累[J]. 投资与合作，2021（10）：206-207.

❸ 熊亚琴，郑智斌. 数字劳工：直播电商时代的消费者[J]. 青年记者，2021（6）：63-64.

❹ 吕鹏. 线上情感劳动与情动劳动的相遇：短视频/直播、网络主播与数字劳动[J]. 国际新闻界，2021，43（12）：53-76.

用户群体。近两年，与"颜值"相关的研究文献数量猛增，在关于互联网经济时代背景下与 UGC 创作相关的颜值因素影响的研究中，王奕认为在消费文化的背景下，从传统媒体到现如今的网络媒体形成的同质的形象深入受众的认知中，谁都不能摆脱被"颜值经济"所控制、约束。❶ 匡文波也批判了这种现象，提出"网络红人"就是在网络媒介中与商业资本结合的产物。"网络红人"在媒介中赋予各种商品符号意义，提出审美与消费制定的规则重合，形成符号资本。❷ 以上两项研究均站在批判与反对的角度上对"颜值经济"进行了不同程度的否定。朱荷徽则基于涵化理论对新媒体平台女性的"外貌焦虑"进行现象透析和现象归因，认为新媒体聚焦外貌和身体并从美颜技术及语言迷因等方面建构了"外貌焦虑"现象，但也在"拒绝外貌焦虑"的实践中发挥着重要的作用。❸ 本文将探索性地结合扎根理论研究与心理学视角模型，针对以"颜值"为创作点的博主及其数字劳动异化现象构建压力模型，填补相关研究领域质性研究的空白，客观洞悉颜值经济视域下数字世界的"颜值凝视"如何在数字劳动主体上进行压力转化。

---

❶ 王奕. 身体转向：消费时代下大众媒介对男性身体的规训 [J]. 美与时代（上），2013（8）：28-30.

❷ 匡文波. "美丽"作为隐喻美妆网红与消费文化的批判性解读 [J]. 人民论坛，2020（19）：133-135.

❸ 朱荷徽. 基于涵化理论的新媒体平台女性"外貌焦虑"现象透视 [J]. 新媒体研究，2022（16）：97-100.

2.3　小红书 APP 相关研究

近年来，社交分享类平台发展势头正盛，小红书在短时间内发展为头部社交平台和电商平台引发了一些针对性的研究。目前，关于小红书系统性的、比较有影响力的研究专著主要聚焦于其商业运营与营销手法。截至 2023 年，在中国知网（CNKI）中以"小红书"作为关键词进行主题检索，得到中文文献共计 1274 篇，其中，期刊文献 812 篇，硕博论文 181 篇。从检索出的相关文献中可以看到，对于小红书的研究，从 2014 年开始出现，2019 年为爆发期，2019—2022 年逐年递增，至 2023 年仍具有很高的研究热度。

3　研究方法

本文采用"扎根理论"的研究方法，对小红书 APP 中颜值博主的数字劳动异化的现象及其原因进行探索性研究。"扎根理论"（grounded theory）是一种扎根于经验资料，对收集的资料进行不断地分类、比较、统筹，从收集资料中抽象出核心理论❶的质性研究方法，被广泛应用于概念发展与理论体系构建。数字劳动异化现象是社交媒体时代所凸显的数字资本积累下的剥削，本文研究的样本聚焦于颜值经济下的特殊群体——"颜值

---

❶ 陈向明. 扎根理论的思路和方法 [J]. 教育研究与实验, 1999（4）: 58-63, 73.

博主"。使用"扎根理论"进行研究，可以从过程导向的视角为研究提供丰富的数据，❶ 更直观地探索在颜值博主数字劳动过程中异化劳动现象产生的过程和模式。"扎根理论"能在不设前提的条件下发现一些容易被忽略的因素，适合分析"是什么""为什么"一类的问题，是一种归纳式的自下而上的分析过程，主要包括开放式编码、主轴编码、选择性编码三个步骤。❷ 通过结合虚拟民族志和参与式观察，对访谈得到的第一手资料进行判断和概念化内在逻辑构建，采用"压力源—负担—结果"框架构建理论模型。

4 数据采集与处理

4.1 数据采集

本文的研究采用半结构化访谈的方式对受访者进行了深度访谈，基于研究内容和探索目的编写了访谈提纲，访谈过程中为了确保受访者能够准确理解问题含义并真实反映个人态度，提问采用了直白和隐晦两种方式委婉并行。因受访者分布在不同的城市，访谈采用网络电话和社交媒体语音聊天的方式进行，获取近3万字的访谈记录。2022年12月，在小红书APP选取不同发展阶段的颜值博主共18位，其中，粉丝数量3000以下博

---

❶ 王坤焱，颜军，张磊，等. 社交、规训与表演：网络场景下"晒运动"景观的扎根分析［J］. 体育与科学，2022，43（6）：96-106.

❷ 薛静，洪杰文. 负累下的隐退性"自救"：基于扎根理论的青年用户社交媒体倦怠行为分析［J］. 新闻与写作，2022（8）：70-83.

主 6 位（其中 1 位博主暂停更新），粉丝数量 3000 以上、1 万以下的博主 7 位，粉丝数量 1 万以上、10 万以下的博主 2 位，粉丝数量 10 万以上的博主 3 位；可以说，所选取的受访者对博主不同成长阶段的覆盖较为全面。为方便记录，本文对 18 位受访者进行了编号，基本信息，如表 1 所示。根据饱和度原则，本文随机保留了 3 位受访者的访谈资料用于饱和度理论检验。

表 1 受访者基本信息表

编号	性别	入驻小红书时间	更新频率	粉丝数量/人	博主是否为主业
F1	女	7 个月	约 1 周 2 次	6500 多	否
M1	男	3 个月	约 1 周 2 次	500 多	是（起步阶段）
F2	女	1 年	约周更	4500 多	否
F3	女	5 个月	偶尔更新	2000 多	否
F4	女	3 个月	放弃更新	曾达到 600 多	否
F5	女	4 年	日更	22.1 万	是
M2	男	1 年 6 个月	约周更	4.5 万	否
M3	男	1 年	约日更	8500 多	否
F6	女	1 年 6 个月	约 1 周 2 次	1.1 万	否
F7	女	3 年	日更	13.9 万	是
F8	女	3 年	约日更	11.2 万	计划成为主业
M4	男	2 年	约日更	2400 多	否
M5	男	1 年	约周更	2500 多	否
F9	女	7 个月	约半月更	4200 多	否
F10	女	6 个月	约周更	3100 多	否

续表

编号	性别	入驻小红书时间	更新频率	粉丝数量/人	博主是否为主业
F11	女	6个月	约1周2更	2600多	否
F12	女	1年3月	约周更	8000多	否
F13	女	7个月	约1月2更	5500多	否

4.2 数据分析处理

4.2.1 开放式编码

开放式编码是对原始资料进行提问、比较和分解，以期发现资料中各范畴间的逻辑关系，并将含义相近的范畴分类，进而使文本资料逐渐范畴化和概念化[1]，即将原始资料作为基础，进行逐段逐句的关键词提取，通过对其中基本概念与范畴的概括，对资料所包含的基础信息进行定义和阐释。其中主要依据广泛应用的术语，以及具备依据性和参考性的学术用语，有必要时需要结合研究背景和资料情景进行定义。

本文在开放式编码阶段遵循"定义材料—挖掘范畴—范畴命名—范畴界定—开放编码—编码笔记"的程序，进行理性的抽象和概括，共提取53个初始概念，经过分析和比对后删除与研究目的不相关的3个初始概念，最终保留50个初始概念。根据概念间的相关关系聚类形成包括环境影响、个人兴趣、物质回报等在内的13个范畴，开放式编码结果，如表2所示。

---

[1] 费小冬. 扎根理论研究方法论：要素、研究程序和评判标准[J]. 公共行政评论, 2008 (3)：23-43, 197.

表2 开放式编码结果

编码	代表语句	初始概念	初始范畴
G001	我认识了一些在做小红书账号的朋友,于是自己也开始慢慢去了解这个领域	受环境影响成为博主	环境影响
G002	一开始是朋友推荐我去做,而且生活里也会经常有朋友跟我分享长得像我的颜值博主,从而鼓励我去做	他人鼓励推荐	
G020	记录自己的妆容,很漂亮的妆容就想展示出来	展示自我的欲望	个人兴趣
G004	肯定是希望得到大家的喜欢和夸奖	希望得到赞赏	
G17	自媒体给我一个保持美丽的、最好的理由,只要有力气打扮,漂亮就不会沉溺在负面情绪里	保持外表美丽,使自己愉悦	
G037	我挺在意这些颜值博主的变现方式	关注变现渠道	物质回报
G028	确实是一个创业的好机会,包括因为疫情的原因,大家都在寻找新的收入	希望获得物质回报	
G041	朋友也是希望我做起来,一个账号能够帮助他带货	带货需求	
G003	最初时是随便分享,后来有 MCN 公司来找我做签约模特	获得专业入行机会	
G005	作为博主,你需要有一个持续输出的动力	需要维持创作动力	创作困难
G010	有时候拍摄需要买道具,没有赞助就要自己出钱	个人物质投入大	
G011	在精神上克服了很多才坚持做下来	创作精神投入大	
G031	要一直有新的创作还是挺难的……毕竟你就长那样	长期稳定创作困难	

续表

编码	代表语句	初始概念	初始范畴
G021	点赞少，确实会怀疑自己	数据不足，自我怀疑	期待满足
G023	遇到很多很可爱的粉丝，他们会非常用心地去支持你，每天会问候你，我很珍惜	乐于接受粉丝鼓励	
G022	点赞没有以前好，会有一种落差感	数据滑坡，心理落差	成果未知
G040	拍的时候花的时间、精力不见得就少……很碰运气	作品成果不稳定	
G042	主要是没人看，三四个点赞对我付出的精力来说实在是有一些可怜	数据回报不可预测	
G038	变现其实不那么容易，还是要你投入很多时间去创作，而且也没有一个固定的模式	变现形式不固定	收入波动
G039	有时候反响不太好，但你也不能控制，回报就会相对少点	物质回报不稳定	
G052	新的博主太多了，如果这些酬劳你不愿意做，还是会找其他人做，其实回报还是挺低的	行业变现不景气	
G053	只有最上面的头部博主，广告效益很高和明星一样，那肯定是高收入的	变现能力差距大	
G006	你需要时常用到自己的闲暇时间去想你的内容	占据闲暇时间	生活侵略
G016	但是也不乏一些，比如说很过分的粉丝去干扰你的私人生活	粉丝干扰私人生活	
G18	但你拒绝了又会人身攻击你，大家都是会处理这些问题	网络人身攻击	

续表

编码	代表语句	初始概念	初始范畴
G044	刷小红书都没意思了,看别人的总觉得自己该更新了	工作和娱乐的边界模糊	生活侵略
G050	我肯定也会避免不友好的互动,一些要微信的人,我肯定不理	粉丝骚扰	
G12	我觉得作为博主,你要享受这个被审视的过程	接受外界审视	被动凝视和自我审视
G032	尤其是自己辛辛苦苦做出来的内容跟别人比(显得)不怎么样	横向对比竞争	
G14	回复没以前多了,但是评论还都会看,基本是夸奖	习惯他人评价	
G015	我将自己的优点放大给别人看	放大个人优点	自我品牌化
G035	我还在这个方面摸索,我也经常在思考怎么打造个人形象	打造个人形象	
G024	我为了增加互动量也好,为了和他们保持良好的关系也好	维持粉丝增加互动量	
G025	拒绝粉丝的一些私人请求会委婉一些,控制自己的表达	控制个人情绪	
G026	也不好情绪太多,形象受损肯定流失粉丝	维护个人形象	
G033	如果能维持个人风格,应该会增加一些竞争力	维持个人风格	
G007	想你的标题也好、封面也好,就是无时无刻都在占用自己的私人时间	娱乐时间创作	劳动时空扩张
G049	我能记住名字的一些比较久的粉丝,基本上都以朋友的身份聊天的	随时保持在场	

续表

编码	代表语句	初始概念	初始范畴
G051	也没有什么时候真的你在创作,还是在玩,还是在休息	劳动时间模糊	劳动时空扩张
G008	所以焦虑也会有,然后,就是会很累,确实会很累	精神疲惫	情绪焦虑
G027	别人指出的这样或那样的问题,就算是被误解的,我还是会难过	负面评价焦虑	情绪焦虑
G045	有时候觉得是东施效颦,会怀疑自己是不是真的很差	自我怀疑焦虑	情绪焦虑
G048	信心和挫败感此一时、彼一时,跟阶段性的成果有关系	影响情绪稳定	情绪焦虑
28	好看,好像变得一文不值	对颜值评价贬值	劳动价值符号化
G30	颜值是一个利器,但是你不能光靠颜值,这样你自己会麻木	颜值创作令人麻木	劳动价值符号化
G036	帅哥美女会给自己提供情绪价值	产出情绪价值	劳动价值符号化
G43	去热门上找一些灵感,自己尝试拍摄	模仿内容产出	劳动价值符号化
G019	我以前胖过,所以看那些博主的身材很容易焦虑	身材焦虑	劳动价值符号化
G13	一定要把照片进行修图和美颜	美化形象	劳动价值符号化
G047	但是网上美女真的很多,即使自己被比得很渺小也理所应当	容貌焦虑	劳动价值符号化

4.2.2 主轴编码

围绕某一核心将开放式编码取得的阶段性范畴进一步概念化和整合的阶段为主轴编码阶段,为发现和建立开放式编码各范畴间的有机关联。主轴编码阶段将各个范畴的内部属性通过进一步的归纳和逻辑串联,将开放式编码形成的 50 个初始概念和 13 个初始范畴进行抽象与关联化,得到创作压力、期待压力、未知压力、个体符号化、物质劳动异化、情感劳动异化、劳动动机共 7 个主范畴。主范畴编码所对应的具体含义,如表 3 所示。

表 3 主范畴编码

主范畴	范畴	范畴内涵
创作压力	创作困难	博主维持长期稳定内容创作产出具有难度
期待压力	期待满足	需要数据成果和粉丝赞美来达成个人期待的满足
未知压力	成果未知	由于内容质量难以量化,所产生的点赞、评论、涨粉等数据基本呈现无序性
	收入波动	商务收入波动大,不稳定性强
个体符号化	被动凝视与自我审视	处于被凝视的地位且主动加强自我审视
	自我品牌化	创作过程中不自主将自我个体进行符号化,进行品牌化约束
物质劳动异化	劳动时空扩张	将数字劳动的时间和空间无限度扩张
情感劳动异化	情绪焦虑	在情感劳动中产生焦虑情绪
	劳动价值符号化	将自我劳动的价值加以符号化或情感异化
劳动动机	环境影响	在环境因素作用下产生劳动动机
	个人兴趣	在自主兴趣驱使下产生劳动动机
	物质回报	在物质回报吸引下产生劳动动机

4.2.3 选择性编码

选择性编码旨在从主范畴中串联出核心意义系统，在本文中通过深入的分析和逻辑关系比对得出"小红书 APP 颜值博主数字劳动影响因素与物质情感劳动异化的产生机理"这一核心"故事线"。主范畴逻辑关系如图 1 所示，框架图中的编号①②③④为 4 条关系线，①②表示一种因果关系，③④为调节关系。

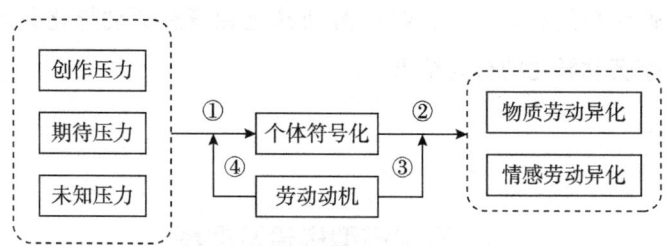

图 1　主范畴逻辑关系

逻辑关系构建结合"压力源—负担—结果"（stressor-strain-outcome，SSO）框架，该框架于 1993 年首次提出，用于评估社会工作者的工作压力、情绪枯竭及消极工作意愿之间的关系。[1] 在对受访者的数字劳动异化研究中，其异化劳动结构受到外界压力和内在心理因素的影响，结合 SSO 框架，可以将上述"故事线"概括为：小红书颜值博主在创作压力、期待压力和未知压力的影响下，产生了个体符号化的价值观念，主动处于被凝视和自我审视的情绪负担中（编号①），这种价值观念和情绪负

---

[1] KOESKE G F, KOESKE R D. A Preliminary Test of a Stress-Strain-Outcome Model for Reconceptualizing the Burnout Phenomenon [J]. Journal of Social Service Research, 1993 (3-4): 107-135.

担会造成数字劳动异化的行为和结果（编号②），而其本身的劳动动机在过程中起到调节作用（编号③④）。其中，创作压力是指维持创作动力、个人物质投入、创作精神投入、长期稳定创作的困难所带来的压力；期待压力是指在获得情感和物质劳动成果，如尊重赞赏和物质回馈中期待阈值的不断提升与难以满足所带来的情感压力；未知压力是指在数字劳动过程中所面临的内容创作评价难以准确量化、数据不稳定性和物质收入的不确定性带来的心理压力，物质劳动异化和情感劳动异化共同构成数字劳动异化的行为结果。

5 理论模型构建及阐释

根据以上三级编码所得的结果，结合 SSO 框架得出小红书 APP 颜值博主数字劳动影响因素与物质情感劳动异化的理论模型，如图 2 所示。对 3 份饱和度理论检验访谈资料重复三级编码分析，进行理论饱和度检验，未发现其他新的概念和范畴，因此可认为该模型达到了理论饱和。

该模型认为，创作困难形成创作压力（作为内容生产环节的主要压力），内容发布后，博主对内容的转化率产生期待，阈值提升后的期待满足加剧期待压力，伴随数据无序和收入波动带来的未知压力形成压力源，加剧被动凝视与自我审视，虚拟人设与现实人格边界模糊，产生个体符号化的负担，劳动时空在移动数字设备的辅助下扩大范围，虚拟场域的自我呈现对现实的"生活侵略"造成剩余价值的极大剥削,产生物质劳动异化和情感劳动异化结果。

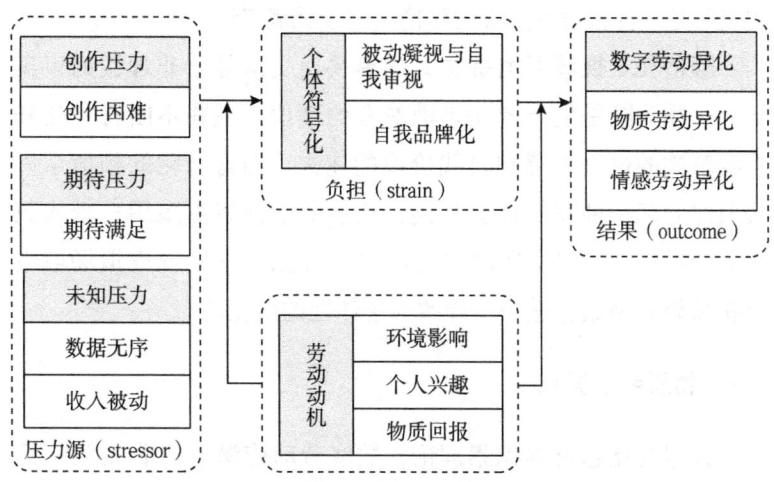

图 2　小红书 APP 颜值博主数字劳动影响因素与
物质情感劳动异化的理论模型

5.1　个体符号化

在网络符号消费主义构建的情境中,商品的竞争往往表现为图像的竞争。❶ 颜值博主的 UGC 某种程度上不只是信息的传播,而是转化为一种符号的传递。以颜值为中心的符号加速了消费的娱乐性、享受性和符号性,图像化的颜值符号传递与崇尚美貌的天性共同推进颜值崇拜的媒介奇观,当符号价值成为自身价值实现的证明,个体形象和身体被符号化的过程中会带来一种社

---

❶ 杨嵘均. 网络符号消费主义的生成及其批判 [J]. 南京社会科学, 2022 (12):125-134, 154.

会价值的缺失。半数以上受访者提及对颜值的过度依赖和价值怀疑，如"在花时间（对视频或照片进行）编辑的时候，真的会觉得美丽是一件很没有意义的事情"。（受访者 F5）

颜值狂欢视域下消费主义的裹挟使受众处于非理性的审美异化，作为既是生产者又是消费者的颜值博主在不断符号化和自我解构的过程中感到自我价值的迷失。当符号化的颜值崇尚表象建立起一种新的社会认同，空洞的颜值将更多用户带入数字劳动异化的旋涡，通过主动的"符号化"来实现虚拟场域中自我欲望的满足，进一步导致人主体性的淡化。

5.2 物质劳动异化

根据马克思资本积累理论，数字劳动旋涡中"非雇佣"形式的劳动被纳入，个人的劳动价值不断被降低，无意识的劳动被深深地打上数字化的烙印。本文通过对小红书 APP 的颜值博主进行深度访谈，通过其视角对其劳动动机和劳动内容等方面的实践采集和理论分析发现，移动数字设备为颜值博主的内容创作、粉丝互动和商务对接创造无时空限制的工作环境，在多维度、超时空的数字劳动中，其剩余价值遭到严重剥削，现实生活的劳动与虚拟场域的劳动边界异常模糊，陷入无意识的数字资本积累。彭兰指出，高强度连接带来的压迫感包括社交负担与维护成本，强连接中的社会表演与自我审查压力，社会比较带来的压迫与焦虑，互动带来的人们的情绪与行为相互影响，并发式连接对互动质量的影响以及私人空间与时间受挤压等。[1]

---

[1] 彭兰. 连接与反连接：互联网法则的摇摆 [J]. 国际新闻界, 2019, 41 (2)：20-37.

本研究中，半数以上的受访者表示私人时间被数字劳动及数字劳动意识所占据，如"你需要时常用自己的闲暇时间去想你的内容，想你的框架，想你的标题也好，封面也好，就是无时无刻不在占用自己的私人时间"。（受访者 M1）

5.3 情感劳动异化

数字平台在一定意义上可视为由象征和符号所建构起来的虚拟空间，在数字平台虚拟空间中，"情感劳动"（affective labor）作为一种新的劳动方式逐渐崛起并风靡社会。阿莉·拉塞尔·霍赫希尔德曾将"情绪劳动"（emotional labor）表述为处于社会中的个体通过调整自身的面部表情，以表演的形式向公众展示经过自我管理的、符合公众期望的情绪这一过程，并指出其目的在于出售情绪劳动以获取工资，以此获得交换价值。❶ 博主在内容发布后对内容的转化率产生期待，并期待获得相应的赞赏和尊重以及商业变现的途径，长此以往会产生期待阈值的提升，期待满足会带来多重的期待压力。在压力源的作用下不断在他者凝视下进行自我审视，在内容创作中个体逐渐符号化，虚拟人设与现实人格边界模糊，产生个体符号化的负担。

在虚拟场域中所维护的完美形象投射到现实生活中的自我呈现，从主动的"前台表演"变为前后台壁垒消弭的被动自我美化与自我约束。

---

❶ 肖峰. 数字技术资本化与劳动新异化［J］. 社会科学文摘，2022，83（11）：14-16.

6 研究结论

本文以小红书 APP 为例开展质性研究,通过对颜值博主的深度访谈和三级编码探究了"颜值博主数字劳动异化现象产生的机制"这一问题,研究结论有以下三点。(1)颜值博主在数字劳动过程中,维系粉丝情感和维持个人形象需要不断进行社交、建立联结,虚拟场域的粉丝的互动行为建立起与陌生人的无数新的联结,不可避免的社交表演、情感交流成为新的劳动行为,在此过程中情绪价值的消耗也会造成"生活侵略"的挤压感。(2)颜值博主的数字劳动通过他人审视和评价获得"流量转化",当颜值博主作为被"看"的客体,即被固化为"他者",在"他人审视"中被赋予"次地位"的形象,构成情感劳动的异化。(3)数字劳动异化现象产生的机制在 SSO 模型框架下的内在逻辑为由创作压力、期待压力、未知压力构成的压力源造成个体符号化负担引发物质劳动异化和情感劳动异化。

7 研究讨论与展望

本文在文献梳理和虚拟民族志的基础上,采用扎根理论的方法对"颜值博主"这一特殊群体的数字劳动异化现象成因进行了探索性研究。本文的创新点主要为选取的受访者视角较为新颖,将颜值经济与数字劳动背景相结合,并且具备进入情境中获取第一手资料的参与式体验，辅以个人切身感受对结论加以验证。

本文也存在一定的局限性。一是平台选取的局限性。虽然小红书APP在当前社交媒体平台中具有一定的影响力，但由于其产品调性与形象定位可能无法辐射到广泛的颜值博主，难以代表众多社交媒体中的普遍现象，不同平台的功能模式和用户定位也可能对关键因素产生影响。二是由于深度访谈涉及个人意志的主观性，可能存在理论检验不充分的问题，且参与式观察虽然对建立逻辑关系具有良好的辅助作用，但也容易加大开放式编码阶段对主观意志的影响。三是由于个人认知水平和理论掌握程度的有限，因此研究结果和视角仍存在诸多局限性。

关于未来进一步探究的展望，后续可对本文的抽象化范畴进一步量化处理，进行实证检验。未来还可以加入其他社交媒体平台，如抖音、新浪微博等作进一步探究，并通过社会学、心理学、传播学等理论积累，结合更生动的理论模型进行更完整的内在逻辑构建。

在这场颜值崇拜的狂欢中，创作者和欣赏者都要回归理性的个人价值，摆脱他人的凝视和自我的审视，对抗消费符号化所带来的虚拟认同感，从数字资本所打造的不平等的特定景观社会中抽离，避免陷入以"颜值"为诱饵的屏幕内外焦虑的旋涡。

旅游目的地小红书传播策略研究
——以故宫为例

周娟娟

1 研究背景

旅游业是信息密集型产业,随着技术的发展,旅游信息的传播方式发生了深刻的变革,以线下旅行社和传统媒体为主要阵地的传播,逐渐转变为以移动终端各类 APP 为主要阵地的传播,这种变革更加符合当今游客的需求。[1] 作为信息密集型产业,旅游产业的信息销售和客户积累环节与信息传播通信手段紧密相关。近年来,随着移动互联网和数字化平台的普及,旅游业的广告发行业务逐步从传统媒体和线下推广转向以 APP 为主要阵地的数字化传播,这种信息传播方式也契合了当代用户的媒介信息需求和消费习惯。随着大数据和人工智能技术的研发与突破,现阶段数字媒体已经能绘制消费者的个性画像,并根据用户需求定向推送电影艺术、饮食购物或旅游休闲等精神

---

[1] 陆锋. 新媒体时代的旅游目的地宣传和营销 [J]. 旅游学刊, 2018, 33 (4): 1-3.

文化消费产品，满足数字用户的多元需求。由此发展出微博、美团、口碑、携程、飞猪和小红书等具有社交属性的APP。

小红书作为满足青年群体社交、分享和产品推荐等多元功能于一体的软件程序，围绕着多元用户个性化活动，生成分享生活方式的虚拟社群，深受年轻群体的喜爱。❶ 小红书主要采用UGC内容生产模式，用户既是内容的生产者也是内容的获取者，其在平台的激励以及个人分享欲下发布的原创笔记来获取成就感，也可以获取到自己感兴趣领域的内容，丰富日常生活。❷ 作为生活方式共享平台，小红书也对旅游产业产生了重要影响力，成为消费者了解旅游景点的重要窗口，影响消费者旅游活动的判断、决策和行动。

本文搜集、统计并分析小红书用户关于故宫旅游的笔记，根据使用与满足模型理论来设计小红书用户的问卷，在此基础上探究小红书上故宫旅游实践的媒介传播效果，根据用户的话语修辞、媒介呈现效果、受众收受效果，为各知名旅游景点的数字平台形象建构提供建议，以提升各旅游景点在大众传播场域的"品牌效应"。

2 文献综述

近年来，以"小红书"作为研究平台进行现象研究逐渐兴

---

❶ 邵美琪. "使用与满足理论"视角下的UGC社交电商平台研究——以"小红书"为例［J］. 戏剧之家, 2019（9）: 237-238.

❷ 程瑶. 社交类APP小红书的品牌传播策略研究［J］. 国际公关, 2022（2）: 79-81.

起,在小红书诞生前,各大知名景点就已经在官方网页、微信公众号、微博等媒体平台开展品牌形象公关活动,"旅游+传播"一直都是学者关注的领域,近年来,随着抖音、快手、小红书、哔哩哔哩、豆瓣等社群化 APP 的普及,各知名景点宣传公关部门又开始进行新媒体平台创作。

自 2023 年起,旅游消费再登高峰,各地旅游景区爆火,截至 2023 年 10 月,在小红书搜索关键词"旅游",搜索到的相关笔记数量超过 2745 万篇,并发现在关键词"旅游"的下方还出现"旅游城市推荐""旅游文案""旅游攻略"等众多关联词条。但在中国知网(CNKI)中,以"小红书+旅游"为关键词进行主题检索,以"旅游+小红书+传播"为关键词进行主题检索,检索结果显示该领域学术研究相对空白。国内关于"旅游传播"的研究已经较为丰富,相比之下关于"小红书旅游"的研究则略显缺乏,而关于小红书旅游传播的研究则更少。本文对收集到的文献资料进行综合、整理和分析,将现阶段国内关于旅游目的地小红书传播策略研究——以故宫为例的研究归纳如下。

首先,是以小红书为主进行的传播策略研究。王若妍等人使用与满足理论以小红书 APP 的"滤镜"事件为例,致力于从根本上解决"第一眼美好"所造成的"审美疲劳效应",以期促成内容分享与信息接收的双赢。❶ 单文盛和谢子昱以 4C 营销

---

❶ 王若妍,张晴,张凇铭,等. 使用与满足理论下的网络"种草":社交营销与审美疲劳——以小红书的"滤镜"事件为例 [J]. 传媒论坛,2022,5(9):47-50.

理论对小红书的品牌传播和营销策略进行分析。❶ 王梦源以小红书中相关城市形象的 UGC 笔记为研究对象，以此探究小红书模式传播城市形象的基本特征和实现路径。❷ 邵美琪以小红书为例，从传播学中的"使用与满足理论"出发，深入探究小红书满足受众需求，以及流行的原因。❸ 程瑶从品牌口碑和传播策略出发，以小红书为例，分析社交类 APP 的现状和发展策略，尝试丰富"品牌传播理论"运用。以上研究专注于小红书 APP 本身，小红书结合特定旅游目的地进行传播策略研究领域相对空白。❹

其次，是小红书旅游目的地传播策略研究。谭海燕、唐广以小红书为例，依托"融合文化理论"，剖析小众旅游的信息策展。❺ 王珮、刘梦瑶和何洋通过问卷调查收集数据，运用实证分析影响用户作旅游决策的因素。❻ 陆锋通过研究苏州市这一拥有丰富旅游资源的成熟旅游目的地，为新媒体进行旅游目的地宣传和营销方面作出了一定的贡献。❼ 本文洞悉用户心理，进而为景点宣传公关部门进行媒介形象构建和形象公关活动提供建议。

---

❶ 单文盛，谢子昱. 基于4C 理论的小红书品牌传播及营销策略研究 [J]. 长沙大学学报, 2021, 35 (6)：46-51.

❷ 王梦源. 基于小红书 UGC 模式的城市形象传播研究 [J]. 新闻世界, 2021, 368 (12)：78-81.

❸ 邵美琪. "使用与满足理论"视角下的 UGC 社交电商平台研究——以"小红书"为例 [J]. 戏剧之家, 2019 (9)：237-238.

❹ 程瑶. 社交类 APP 小红书的品牌传播策略研究 [J]. 国际公关, 2022 (2)：79-81.

❺ 谭海燕，唐广. 融合文化场域下小众旅游的信息策展——以小红书 APP 为例 [J]. 新闻前哨, 2022 (14)：17-20.

❻ 王珮，刘梦瑶，何洋. 小红书营销对大学生旅游决策影响因素研究 [J]. 新媒体研究, 2022 (22)：41-45.

❼ 陆锋. 新媒体时代的旅游目的地宣传和营销 [J]. 旅游学刊, 2018, 33 (4)：1-3.

综上所述，针对以上研究现状和问题，本文创新点在于采用"使用与满足理论"模式，聚焦于故宫在小红书的媒介形象建构与传播扩散情况，通过"问卷调查法"统计小红书用户搜集旅游信息时的心理认知和传播策略，并结合用户的媒介使用习惯，对故宫乃至其他景区在小红书上的媒介形象建构和形象公关活动提供建议，为国内知名旅游景点的网络化传播提供实践层面的策略。

3 研究方法

本文的研究使用了案例分析法和问卷调查法。

3.1 问卷设计

本文拟采用卡茨的"使用与满足"过程模式构建移动互联网时代以故宫为旅游目的地小红书传播的量化研究模式。通过对游客五大类需求（即情感需求、认识需求、社会整合需求、个人整合需求和舒缓压力需求）来细化调查和数据分析统计，得出游客使用小红书的需求满足程度。

本文的问卷设计分为三个部分，即游客的基本信息、小红书功能的使用行为及偏好，以及游客的使用需求和满足情况。根据卡茨等提出的媒介接触和使用的五大类，再结合小红书功能的使用行为及偏好题项，设置相应的使用需求满足题项，在选项设置方面参考前人的研究，采用李克特五级量表的形式来测量游客使用小红书的需求和满足情况。

3.2 以故宫为旅游目的地的小红书传播的量化研究

考虑到问卷设计的科学合理性和问卷发放的便利性，本文以在故宫旅游的游客为调查对象，使用问卷星进行问卷发放。在问卷正式发放前，设置了"问卷红包"这一环节，用来激励游客填写问卷的积极性。本次问卷调查的时间为：2022年12月1日至2023年1月1日。

由上文可知，游客的使用需求及满足程度题项采用李克特五级量表的形式来测量，各题项均为1~5分，共5个选项如每题项均值小于2.5，则说明游客使用需求满足程度较低；均值大于2.5，则说明游客使用需求满足程度较高。均值数据在3.39~3.97，组合均值在3.55~3.92，均高于2.5，说明此次问卷调查的对象质量较高，游客对小红书的使用满足程度普遍较高。从克隆巴赫系数信度检测来看，五大类需求的信度系数为0.593~0.776，均高于临界值0.5，这说明五大类数据具有一定的可信度，并且认识需求可信度最高，如表1所示。

表1 小红书故宫景区满足程度及均值

需求类型	题项	均值	组合均值	信度
认识需求	我想通过小红书获取最新的故宫景区旅游咨讯信息和服务信息等	3.97	3.92	0.776
	我想把零散时间利用起来，以便更好地到故宫景区旅游	3.86		
	我想通过小红书更好地了解故宫景区和景点的人文、地理、环境等情况	3.93		

续表

需求类型	题项	均值	组合均值	信度
情感需求	我想通过小红书追赶最新的旅游潮流和新鲜事物	3.92	3.81	0.593
	我想通过该小红书获取更多的附加利益（优惠活动、团购）	3.71		
个人整合需求	我想以小红书的信息为参考来规划自己的旅游行程	3.93	3.81	0.760
	我想通过小红书的分享和内容发布来表达自己的观点	3.69		
	我将小红书的信息内容分享或发送给朋友	3.82		
社会整合需求	我想在小红书中寻找内容分享到朋友圈或微博等	3.52	3.55	0.693
	很多朋友都关注小红书旅游咨询，我不想落伍	3.39		
	我想利用小红书进行充能，以便更好地和朋友分享旅游经验	3.76		
舒缓压力需求	我想利用小红书从现实烦恼中脱离出来	3.65	3.66	0.609
	我想通过小红书的信息来排解我的忧闷和孤单	3.67		

4 数据分析结果及问题探析

4.1 数据分析结果

本次调查共发放问卷225份，回收200份，回收率为89.0%。其中按性别划分：男性为63人，占31.5%；女性为137人，占68.5%。按年龄划分：年龄在10~18岁的为3人，占 1.5%；在 19~30 岁的为 148 人，占 74.0%；在 31~50 岁的为 36 人，占 18.0%；在 50 岁以上的为 13 人，占 6.5%。按学历划分：硕士及以上文化程度的为 68 人，占 34.0%；大学本科文化程度的为 90 人，占 45.0%；大专或高职的为 27 人，占 13.5%；高中及以下的为 15 人，占 7.5%。按职业划分：学生为 99 人，占 49.5%；公务员为 13 人，占 6.5%；企事业单位职员为 70 人，占 35.0%；自由职业者为 16 人，占 8.0%；退休人员为 2 人，占 1.0%。

综上所述，本研究的样本数为 200，女性比男性略多；年龄多集中在 19~50 岁，占 92.0%；文化程度主要以大学本科和研究生为主，占 79.0%；职业大多为学生和企事业单位职员，占 84.5%。

调查发现，游客最初的使用行为多产生于"浏览小红书页面时无意看到自己感兴趣的内容"，占 75.5%；其次是"主动搜索兴趣类型进行关注"，占 70.0%；而"亲朋好友的推荐"和"知名人物推荐"只分别占 37.5% 和 29.0%，如表 2 所示。

表2 游客选择小红书浏览景区资讯的原因

选项	小计/人次	比例/%
亲朋好友的推荐	75	37.5
浏览小红书页面时无意看到自己感兴趣的内容	151	75.5
主动搜索兴趣类型进行关注	140	70.0
知名人物推荐	58	29.0
抽奖等各类活动	23	11.5
其他	3	1.5
本题有效填写人次	200	100.0

旅途中，游客经常使用小红书的人数为105人，占52.5%；偶尔使用的人数为58人，占29.0%；使用情况一般的人数为27人，占12.8%；全程使用的人数为20人，占10.0%；基本不使用、只是关注的人数为17人，占8.5%。说明游客在旅途中偏向于经常使用小红书获取各类信息，其提供的信息和服务基本可以满足游客大众化的日常旅游需要，但是游客的个性化旅游需要满足程度较低。

在游客关注小红书内容和功能的类型方面，关注较多的是购物和餐饮等商业信息、路线导航等游线信息、人文和宗教等文化景点，比例分别占72.5%、60.0%和59.0%，如表3所示。本文在采访部分游客收集的材料和查阅相关资料的基础上了解到：食、住、行、购、游、娱等是游客最基本的需求，小红书只有在满足游客基本需求的基础上，才有条件为游客提供更高层次的需求信息；否则，对游客的吸引程度必然不足。

表3 游客偏向于关注小红书的内容和功能

选项	小计/人次	比例/%
路线导航等游线信息	120	60.0
人文、宗教等文化景点	118	59.0
购物、餐饮等商业信息	145	72.5
促销推广等优惠信息	70	35.0
其他	15	7.5
本题有效填写人次	200	100.0

对于游客来说，本文在使用需求满足理论模式的基础上，首先研究了游客的使用行为和偏好，其次以认识需求、情感需

求、个人整合需求、社会整合需求和舒缓压力需求为潜变量设计了 13 个测量题项。通过对小红书使用需求满足情况的实证研究，得出游客使用小红书的需求满足程度较高的顺序依次如下。首先，认识需求是所有使用需求中满足程度最高的，例如，"我想通过小红书获取最新的故宫景区旅游信息和服务信息等"得分 3.97，"我想通过小红书更好地了解故宫景区的人文、地理、环境等情况"得分 3.93；其次是情感需求，例如，"我想通过小红书追赶最新的旅游潮流和新鲜事物"得分 3.92；再次在个人整合需求中，例如，"我想以小红书的信息为参考来规划自己的旅游行程"得分 3.93；最后，社会整合需求与舒缓压力需求是所有使用需求中满足程度最低的。

小红书笔记存在的问题，见图 1。

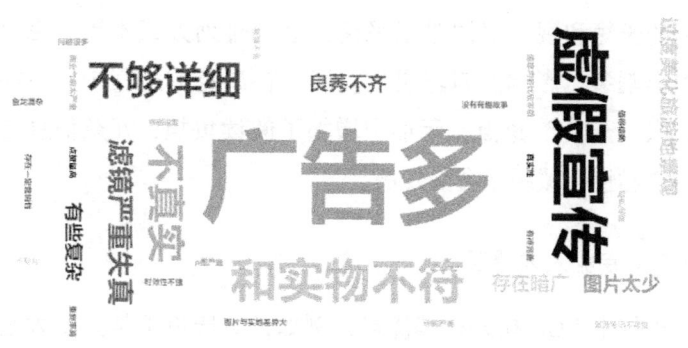

图 1　小红书笔记存在的问题

由图 1 可知，游客认为小红书笔记还存在着诸多问题。其一，小红书笔记存在不完整、内容不够详细的问题，可见在小红书笔记的完整性方面有待提升；其二，小红书笔记存在着虚假宣传、内容存在不真实、良莠不齐、和实物不符，可见笔记的真实性还有待提升;其三,笔记广告多、存在隐藏式广告,可见小红书笔记的服务性还有待提升。

4.2 问题发现

4.2.1 内容碎片化严重

小红书用户在浏览旅游信息时,信息吸引力显著影响着用户的感知价值。小红书上特色的旅游攻略和强吸引力图片都吸引用户点击,提供给用户更加便利的旅游信息获取服务。其中小红书强吸引力图片中的构图大都经过精心设计排版,文案水平高级,图片像素高清。小红书是典型的微传播,以其短小轻便的信息内容传送给用户,虽然这一方式便利了用户,却使用户缺乏对相关景点历史起源、内涵的深度挖掘。❶ 此外,小红书笔记的长短和视频时限难以平衡,笔记排列方式不当,也会引起内容割裂,影响逻辑连贯性。用户在浏览的过程中,不能快速获取"干货"重点,无形中增加了阅读负担,冗杂信息会降低用户黏性,减缓平台的发展。

4.2.2 专业人才匮乏

小红书 UGC 模式有其优点,例如,重庆市正是基于大量用户分享对重庆市的不同感受(重庆火锅、洪崖洞的夜、天然氧吧等),重庆市的多面风格才得以展示。❷ UGC 模式的小红书用

---

❶ 陆锋. 新媒体时代的旅游目的地宣传和营销 [J]. 旅游学刊, 2018, 33 (4): 1-3.

❷ 王梦源. 基于小红书 UGC 模式的城市形象传播研究 [J]. 新闻世界, 2021, 368 (12): 78-81.

户发布的笔记展现了重庆市的多重魅力,让"山城"显得更具烟火气,更具吸引力,更具真实感。但是,UGC模式下小红书存在着专业人才匮乏的问题,导致发帖质量良莠不齐,甚至内容伴随大量谣言、虚假信息,"标题党"以抓取眼球为目的发布笔记,这也是社交媒体平台的常见不足。同时小红书的推送机制不能精准识别笔记质量的高低,从而影响了用户的体验。即使粉丝量大、流量多的"网红"自媒体人发布笔记,也存在专业性不强的问题;同时,景点官方与自媒体人缺乏进一步的联系也是问题产生的原因之一。

4.2.3 用户互动性不强

"4C营销理论"中的"4C"具体是指顾客、成本、便利、沟通四大要素。❶ 该理论强调以"顾客需求为中心",积极与顾客进行沟通。该理论认为,企业应通过同顾客进行积极有效的双向沟通,建立基于共同利益的新型企业/顾客关系。这不再是企业单向的促销和劝导顾客,而是在双方的沟通中找到能同时实现各自目标的通途。同时用户之间的正向互动以及情感联结能够极大地提升用户的体验感,极大地提升媒介的传播效果。研究数据显示社会整合需求是所有使用需求中满足程度最低的,因此有必要提升小红书在该方面的功能。在社会整合方面,游客在"我想在小红书中寻找内容分享到朋友圈或微博""我想利用小红书进行充能,以便更好地和好朋友分享旅游经验"等方面需求满足程度不高,这说明小红书在游客互动这方面的开发

---

❶ 单文盛,谢子昱. 基于4C理论的小红书品牌传播及营销策略研究[J]. 长沙大学学报,2021,35(6):46-51.

得还不够深入。因此，加强与游客的互动性是小红书需要加强的一个方面。

4.2.4 媒介呈现遮蔽客观现实

问卷调查数据显示，游客的使用需求多样化，而这些多样化使用需求的满足和商业密切相关，使用需求成为市场份额的争夺部分，发布笔记者不可避免会出现一些追逐利益的心理，而可能会出现恶性竞争和过度营销的现象，这些现象最终导致媒介呈现遮蔽客观现实。小红书是一个以产品售卖、服务和笔记分享为主要营收渠道的社会化媒体平台，"笔记"体裁的创作模式在深受广大受众欢迎的同时，也为虚假营销埋下隐患。❶ 例如，小红书近年来的"滤镜危机"，虚假宣传、过度营销以及明广和暗广的大量出现，而其产生的原因可以追溯到逐渐功利性的小红书平台的商业氛围。此外，小红书缺少对创作者的行为监督，针对性的审核和用户二次加工还不够规范。

5 以故宫为旅游目的地的小红书传播的发展策略

5.1 提升笔记内容质量

小红书作为节点化APP，平台内容由离散态、个体化用户

---

❶ 王若妍，张晴，张淞铭，等. 使用与满足理论下的网络"种草"：社交营销与审美疲劳——以小红书的"滤镜"事件为例 [J]. 传媒论坛，2022，5（9）：47-50.

独立生产，必然会伴随笔记内容的良莠不齐。针对小红书笔记内容碎片化以及内容存在的质量问题，需要更新笔记排列方式、提升笔记内容质量。用户发帖时，应更新笔记排列方式，整合同一景区相关内容；在发布笔记时，要注重提升笔记内容的逻辑性与连贯性。官方账号要带动用户宣传景区文化内涵，尤其是小红书平台上景区官方账号更应深度挖掘景区历史，体现官方账号的专业性，弘扬中华优秀传统文化。景区官方账号与小红书平台发布任务活动，联结平台用户，进而对媒介用户的发布行为与发布内容进行一定的规范。小红书平台应通过提供更多流量扶持的激励政策来激励更多优质内容生成，吸引更多领域达人入驻小红书，促使吃、住、行、游、购、娱各个领域都有优质内容持续输出，从总体上提高内容质量。及时性是用户浏览小红书笔记的一个主要原因，小红书旅游笔记提供的信息促使用户对旅游计划进行调整并作出相应决策。❶ 应该丰富景区游玩攻略，提供更多及时性和实质性的帮助，减少用户的预期落差。

5.2 构建 PGC+UGC 矩阵模式

专业是 PGC 模式的最大特点，PGC 创作者一般都具有专业的技术设备、知识素养和法律常识，发布的笔记内容真实、全面、有深度。景区公关宣传部门可以联动小红书平台设立 PGC 矩阵带动 UGC 参与模式。具体来说，景区公关宣传部门需要从小红书平台挖掘出一批具有影响力的 KOL，与这批 KOL 达成合

---

❶ 王珮，刘梦瑶，何洋. 小红书营销对大学生旅游决策影响因素研究 [J]. 新媒体研究，2022（22）：41-45.

作，对这些 KOL 进行专业培训，从而打造一支专业传播队伍，让其更好地宣传景区。培训景区公关宣传部门再联动小红书平台发布官方活动"写出专业笔记，传播故宫景区，获取流量扶持"，目的是让 UGC 用户参与进行学习，学习后发布景区专业笔记获取小红书平台给予的流量扶持，激励用户参与学习，促进 UGC 的专业化，进而不断提高小红书旅游笔记的效果和质量。优秀的传播者要具备创新能力和不断学习的态度，避免同质化内容输出，提升自身的专业水平，要以专业化水准制作出优质内容，以用户为中心，为用户设身处地的考虑，避免虚假夸张，用心去面对每一次笔记的内容创作。❶

5.3 增强用户间互动性

在网络技术飞速发展的今天，个人视野和追求也在不断扩大，5G、大数据、多媒体、VR 技术和人工智能等智能化技术为用户之间的互动提供技术支持。小红书作为用户分享生活的社交平台，近年来涌入大批用户，这些用户也对小红书提出了更高的要求，随着市场竞争逐渐激烈，小红书也应该力争创新，追求更高的用户功能体验、分享体验、获知体验。小红书博主在发布笔记时要引导用户在评论区进行互动，发布笔记后应该及时对评论区进行回复，同时引导评论区用户间进行正向互动，防止恶性评论，提升用户使用体验感。故宫品牌公关宣传部门要提升与用户之间的情感联结以及用户间的联结，可发起"景点打卡""分享好友抽文创"等活动提升用户间的互动，故宫的

---

❶ 谭海燕，唐广. 融合文化场域下小众旅游的信息策展——以小红书 APP 为例 [J]. 新闻前哨，2022（14）：17-20.

微博、微信公众号都要注重与用户间的交流和互动，要选取亲民的话语修辞对景区进行媒介形象建构，提升与用户的互动率。小红书数字平台管理者要完善平台服务功能，搭建小红书熟人社区，为用户间分享需求提供便利，多方主体间进行合作搭建智能交互的反馈体验，有利于传播优质文化遗产，有利于传承中国文化底蕴，有利于扩大国家文化的对外传播。

5.4 虚拟社区传播环境

营造良好的虚拟社区传播环境需要优化小红书平台的信息，平台作为责任主体要加大监管力度，要提升小红书信息的监管能力，运用大数据分析技术，在内容审核与发布环节中做好"把关人"，保证用户拥有清朗的社交网络环境。平台规范创作者的行为，为用户提供个性化的信息内容。针对目前小红书平台上不良信息传播现象，努力维护用户的合法权益，营造良好的小红书平台传播环境。加大监管力度可以从软件和硬件两个方面着手。在软件方面，要求针对隐藏较深的谣言或过度营销的信息进行深入挖掘；在硬件方面，要求对小红书上传播的信息进行过滤，防止过度营销的广告促销等信息的长期泛滥。发布笔记者应自觉维护好虚拟社区传播环境，从用户方考虑问题，发布"真实"内容，避免功利主义倾向，促进景区的良好宣传，促进景区文化的创造性转化和创新性发展，构建良好的景区媒介形象。❶

---

❶ 万韵菲，詹秦川. 融媒环境下故宫文化传播的策略分析 [J]. 出版广角，2018（21）：70-72.

"学习强国"APP：
社会化传播模式下的知识服务

苏 琴

近年来，随着互联网技术的飞速发展，党和国家高度重视新闻舆论宣传和知识文化学习工作，宣传工作和学习教育工作亟待加速发展建设。习近平总书记在党的二十大报告中指出：加强全媒体传播体系建设，塑造主流舆论新格局。健全网络综合治理体系，推动形成良好网络生态。[1]为响应号召，顺应时代发展，中共中央宣传部、各党媒及各地方政府都相继推出线上知识学习平台、学习小程序或官方网站，在此背景下，"学习强国"学习平台被开发并加以推广。在万物互联、媒介互融的时代下，知识服务平台的出现能够契合数字时代市场走向和用户媒介交互习惯，迸发出市场使用潜能。

---

[1] 习近平. 高举中国特色社会主义伟大旗帜为全面建设社会主义现代化国家而团结奋斗——在中国共产党第二十次全国代表大会上的报告（2022年10月16日）[M]. 北京：人民出版社，2022：10.

1 "学习强国"学习平台的现状与传播功能的发展

1.1 "学习强国"学习平台的发展历程

"学习强国"学习平台由中共中央宣传部主管,于2019年年初正式上线,由电脑端和手机客户端两部分构成。电脑端"学习强国"拥有"思想""国际""二十大时间"等16个版块;手机客户端"学习强国"包含"百灵""强国通""学习"等5大板块数十个栏目。在两大终端上,"学习强国"为受众提供大量可供免费阅读的各类时政新闻、电台、影视等资源,涵盖面广泛,能够满足受众的多种学习需求。作为一款立足全体党员、面向全社会的优质学习平台,"学习强国"功能强大、内容丰富,同时还拥有多家官方媒体结盟入驻,占据着得天独厚的优势。"学习强国"学习平台的发展之路也历经坎坷,先后经历多次改版、数次平台升级。从一个个栏目的增加,到积分制度规则调整,再到频道等内容的优化,均体现出平台在运营管理和内容优化层面的重视程度与巨大投入。现阶段,"学习强国"仍然处于研发优化阶段,却已经积累了海量用户,截至2023年7月,"学习强国"用户总数超过3.2亿。

1.2 知识服务类APP研究现状

自上线起,"学习强国"APP就受学界研究者高度关注,其研究成果主要集中于党建相关、新闻与传媒和高等教育领域,从社会化传播角度对"学习强国"知识服务功能的研究十分有限。具体而言，其研究内容可归纳为三个层面，即"学习强国"的产生背景分析、"学习强国"的性质阐释和"学习强国"的实践探讨。

在"学习强国"的产生背景分析方面，周浒提出"学习强国"的出现是主流意识形态在面临传播主体话语权被消解、主流意识形态内容被分化且话语方式单一、主流意识形态影响力及控制力被削弱等挑战的情况下所做出的创新实践。❶ 苏钰婷和张原从知识付费盛行的大环境下讨论"学习强国"APP出现的原因，认为"学习强国"的爆发具有多方面原因，不仅面向党员，而且是更适合大众学习的新媒体产品，"学习强国"中的高质量内容满足了用户学习需要。❷

在平台性质阐释方面，黄国春指出，"学习强国"是一款多媒体呈现、多资源聚合、多技术应用的融媒体平台。❸ 强月新和刘亚提出，"学习强国"深谙传播动力和流量逻辑的体系，以其平台化发展搭建起新的政治传播窗口，借助社交化模式壮大主流舆论宣传阵地，凭借智能化手段巩固民族国家的价值认同。❹ 周凡和尚媛媛认为，在融媒体环境下，"学习强国"搭建起在线知识交流社区，是传播中国特色社会主义核心价值观的新尝试，也是开展思政教育的新方式，为融媒时代马克思主义大众化传

---

❶ 周浒. "学习强国"APP：新时代主流意识形态传播的实践创新［J］. 传媒，2019（12）：49-51.

❷ 苏钰婷，张原. "学习强国"学习平台的创新模式与经验启示［J］. 传媒，2020（8）：42-44.

❸ 黄国春. "学习强国"传播模式与主流媒体的融合传播［J］. 青年记者，2019（22）：63-65.

❹ 强月新，刘亚. 从"学习强国"看媒体融合时代政治传播的新路径［J］. 现代传播（中国传媒大学学报），2019，41（6）：29-33.

播提供新可能。❶ 刘汉俊认为,"学习强国"是学思想、用思想、有知识的平台,它与主流媒体共生共荣,是"科学理论的学习阵地"。❷

在实践探讨方面,已有的研究主要围绕用户、传播渠道、技术、内容、传播效果五个部分展开。从用户来看,周浒认为,"学习强国"的分众传播是其实践创新的表现,可供党员与群众共学。❸ 熊若愚将研究对象进一步拓展,基于平台广泛的用户群出发讨论"学习强国"的大众化路径。❹ 从传播渠道来看,周浒认为,"学习强国"采用了多元立体的传播方式,通过打造主流意识形态信息集成平台,实现主流内容的多元呈现。❺ 梁腾提出,"学习强国"通过新场域打造助力构建主流话语传播新样态,打造党的建设新阵地,搭建高效学习新场景,形成全民学习新态势。❻ 从技术来看,梁腾认为,"学习强国"依靠先进传媒技术支撑,其将媒体聚合、信息更新、后台服务等多种新技术交叉运用,为传播主流话语提供了保障。❼ 从内容来看,胡文

---

❶ 周凡, 尚媛媛. 融媒体环境下马克思主义大众化传播的共创共享——以"学习强国"学习平台为例 [J]. 新媒体研究, 2019, 5 (21): 41-43.

❷ 刘汉俊. "学习强国"学习平台的实践与探索 [J]. 传媒, 2020 (2): 17-18.

❸ 周浒. "学习强国" APP: 新时代主流意识形态传播的实践创新 [J]. 传媒, 2019 (12): 49-51.

❹ 熊若愚. 如何运用学习强国学习平台提升理论传播的有效性 [J]. 党政干部论坛, 2020 (6): 20-22.

❺ 周浒. "学习强国" APP: 新时代主流意识形态传播的实践创新 [J]. 传媒, 2019 (12): 49-51.

❻ 梁腾. 融媒体语境中主流话语传播的构型——基于"学习强国" APP 的考察分析 [J]. 传媒, 2019 (12): 44-46.

❼ 梁腾. 融媒体语境中主流话语传播的构型——基于"学习强国" APP 的考察分析 [J]. 传媒, 2019 (12): 44-46.

认为,"学习强国"提供了综合性的海量内容,满足了用户把握时政、学习思想的各种需求。❶ 从传播效果来看,梁悦悦和罗碧运用问卷调查和深度访谈分析了"学习强国"答题板块政治传播的整体效果和对用户的具体影响,得出竞争机制有正向影响,而积分模式存在有限影响的研究结果。❷ 还有学者从更加宏观的角度分析了"学习强国"的实践。汤天甜和温曼露基于知识生产与传播情境,分析了作为主流融媒体平台的"学习强国"的知识服务创新路径,指出平台借助互动式隐喻模型衍生出新的价值引导策略,并通过社交式的学习情境参与和生活化的学习情境隐喻完成情境化空间的营造。❸

在现有研究中,学者们梳理并阐释了"学习强国"具有免费、大众化、融媒体等特性,指出在时代要求和市场环境双效作用下,其在扩大用户群体、延伸传播渠道、提升传播效果、创新传播内容、开发技术应用等方面做出的实践与探索。然而,多数研究存在缺陷,如党建思政领域研究的政治色彩较为浓厚,传媒出版界的研讨侧重传播等。此外,因立足点不同,一些研究对"学习强国"的性质、定位、实践路径的讨论也都存在差异。然而,部分学者关注并讨论了"学习强国"具有的知识属性及其内容提供的知识性质,并从知识服务的视角展开了研究,但并未深入展开。基于此,本文从社会化传播模式角度,以

---

❶ 胡文. "学习强国"为什么这么强?——兼谈其媒体策略对媒体融合的启发 [J]. 新闻知识, 2019 (6): 17-20.

❷ 梁悦悦, 罗碧. 主流融媒体平台政治传播效果与优化路径——基于"学习强国"答题板块的考察 [J]. 中国出版, 2021 (21): 26-31.

❸ 汤天甜, 温曼露. 互动式隐喻: 主流融媒体平台知识服务创新路径探析——以"学习强国"的知识生产与传播情境为例 [J]. 中国出版, 2021 (7): 36-40.

"学习强国" APP 的知识服务为研究对象,分析"学习强国" APP 如何借助社会化传播实现新型知识服务,并发掘其现存社会化传播弱势,以期对未来在新媒体环境下的知识服务提供参考。

2 知识服务社会化:学习型平台的新探索

关于"社会化传播"概念,学界虽然尚未生成统一定义,但却都肯定其节点化传播特征,将互联网用户视为大众网络化传播的节点,个体兼具传播者和收受者的双重角色,并通过社交媒体平台进行群体间信息交互。社会化传播具有社交化、智能化和开放性三大特征,本质上是一种基于人际交往形成的关系性联结,同时基于当前高速发展的数字技术,具备社交功能的媒体平台运用算法实现个性化推送与追踪,在开放互容的互联网络中形成智能生态。社会化传播的出现和繁荣,促使各媒体平台与社会活动互融互通,发挥了人际传播、群体传播和大众传播的优势,使得社会成员在传播过程中达成开放自由的信息对话,极大程度促进了思维碰撞和观点博弈,创造出新型传播生态。

社会化传播是区别于传统媒体时代的单向不对流传播而言的,它依托于传播平台的双向性和互动性,表现为生产者与用户之间的社交、平台与用户之间的社交、用户与用户之间的社交等。近年来,伴随着移动智能终端的大范围普及,使社交媒体用户数量激增,在极大程度上拓展了媒介和平台的社会化形式。知识服务平台借用社会化传播这一理念，将其内化入自己的传播机制。与过去的知识服务平台所采用的传统传播方式相比，社会化传播具有优势，但仍存在不足。

在融合媒体环境下，知识服务平台近年来发展迅速却面临着用户增长放缓、活跃程度低下和社会化进程缓慢等困境。当前，知识服务型平台将继续长期成为大众获取、学习并传播党政知识服务的主要渠道。以前，知识服务一直都被认为是神圣的，社会化的渗透嵌入是不被肯定的。而如今，媒介生态加速变革，媒介融合加速演进，平台想要拓宽发展路径，必须要提升用户的使用兴趣，即提高用户参与度。以此为契机，社会化传播逐步融入知识服务中，并不断为知识服务平台提供内生发展动能。从当前趋势看，知识服务平台社会化传播未来会形成知识服务社区化。知识服务社区化是社会化传播的进阶版本，突破了地缘和时间限制，通过兴趣等更紧密的联系方式将用户进行连接，形成可以自由讨论的圈子，专注用户的使用感和体验感，于社区社交中完成知识文化学习。

"学习强国"拥有如此大体量的用户，一个主要原因就是其内嵌的社会化传播机制。作为一个知识服务平台，"学习强国"不同于以往的知识学习类APP，它借助"同学汇""趣味答题"等功能设置，采用社会化传播扩大其影响力以助力知识服务。社会化传播对于知识服务起到重要作用。一方面，在融合媒体背景下，知识服务平台可以借助社会化传播形成裂变传播链，进一步沉淀用户；另一方面，在社交媒体时代，用户在知识服务平台进行学习时，社会化传播使其在学习过程中也能社交，极大程度地提高了用户学习的激情，使学习极具趣味性。

因此，知识服务平台进行社会化传播具有政治、商业和人文三项主体价值。

在政治价值领域，知识文化社会化对于传播党政知识服务和塑造党政形象具有极其深远的影响。社会化传播通过熟人社会传播知识文化，适应媒介融合和社会发展，一改以往的上对下灌输式传播，使用户接受度得到提高，能够有效地塑造党政正面形象，提升政治影响力。此外，知识服务平台社会化有助于形成社会知识价值观，肃清社会及网络中的不良风气。

在商业价值领域，"学习强国"的社会化传播亦产生潜在商业价值。当前我国媒体主要实行"事业单位企业化管理"，而知识服务平台社会化传播有助于提升其传播力，从而提升媒体和平台的商业价值。在社会化传播体制下，首次传播只是信息传播的起点，由首次接收到信息的用户进行评论、转发、分享等二次传播才是内容产品发挥影响和体现价值的开始。

在人文价值领域，"学习强国"亦体现出娱乐化传播特征。知识服务平台社会化传播最为重要的是，它以一种更易被接受的方式寓教于乐，采用大众喜闻乐见的方式进行知识服务传播。知识服务不再是枯燥乏味的，它融入进了"趣味答题""好友讨论"等新奇的社会化传播过程中，大大提升了知识服务和传播的有效性。

即使知识服务平台社会化传播对于知识服务、信息传播、商业发展等各方面都具有很大益处，但是它仍在传播内容、社交传播和平台功能设定上存在不足。其一，传播内容受限。知识服务平台中的内容偏单调、严肃，只能满足用户对于知识服务的需求。其二，社交方式局限。当前，知识服务平台中的社交方式并不丰富，仅局限于评论、转发等，久而久之难以调动用户学习的积极性。其三，平台功能繁复。平台的反复更新使得平台在功能方面愈发精细，而出现逐渐丧失其本身的学习属性的趋势。

3 社会化嵌入："学习强国"的知识服务革命

"学习强国"APP是知识服务平台极为成功的代表之一，它顺应媒介融合趋势对各类知识服务信息进行多形式呈现，同时借助社会化传播机制，在平台搭建中融入社交元素，通过分享、组队等线上社交方式构建学习平台社会化传播机制，同时提升了用户黏性和平台的使用体验。"学习强国"将社交属性嵌入自身，打响媒介融合时代的新型知识服务革命。

3.1 形成场域社交，打造身份归属

"场"的概念来源于物理学，法国思想家皮埃尔·布迪厄对其进行引申，提出"场域"理论。他认为，权力或资本形势下的各种位置间的种种历史关系是构成场域的重要因素，在每个场域中都有其遵循的价值观，并拥有不同的调控规则，社会建构出来的一个个空间正是由这些规则所规定，在所建构的空间中，行动者可根据自己已有的位置进行调控，从而把握空间方位。❶"学习强国"基于互联网技术，将媒体、内容、用户等要

---

❶ 布迪厄，华康德. 实践与反思：反思社会学导引 [M]. 李猛，李康，译. 北京：中央编译出版社，2004：133-134.

素进行有机整合，形成一个相对独立而又开放的学习场域。在融合媒介时代，"学习强国"已然跳出传统的、独立的、单向的媒介场域，并搭建起强组织性的、身份归属感强的社会化传播场域。

"学习强国"将线下组织转移至线上，打通了现实社会和虚拟网络之间的隔阂。用户可以通过认证的方式找到自己在现实社会中所在的群组，与现实群组相适配。此外，用户也可以通过邀请进入群组，或者自行建立新的群组。无论哪一种群组形成方式，都是基于一定的现实组织形式而成立，能够让用户在使用过程中具备身份归属意识，获得身份归属感，从而更积极地开展社会化传播。

3.2 增强互动传播，激励个体表达

在传统媒体时代，在进行知识服务的过程中，受众只能一味被动地接受媒体传播的信息和知识服务。然而，在媒体融合时代，用户参与知识服务传播的主动性和积极性正在被发现，传统的单向传播模式已然无法适应时代的发展，媒体和平台必须注意到用户参与传播的交互和社交需求，打造互动式、社会化传播，更好地激发个体表达意愿。

"学习强国"嵌入社交元素，将社会化传播融入知识服务的全流程。首先，用户可以通过在群组中展开对话、发起会议等方式与其他个体进行知识服务交流，起到互相学习、沟通进步的作用。其次，成熟的评论、分享、点赞机制为社会化学习和传播增加动力。当用户发现好的学习内容时，可以在下方进行点赞或评论以吸引其他用户阅览、点赞及评论，还可以一键分

享给平台内好友或群组,或者跳转分享到微信、微博等其他社交平台,从而搭建起由点到面的立体多平台传播矩阵,助力知识服务的广泛传播。最后,"答题游戏"板块的融入让用户在获得感和社会化传播中达成平衡。"学习强国"的"趣味答题"板块拥有"四人赛"和"双人对战",用户可以自行选择好友模式或随机匹配模式进行答题竞赛,在"答题游戏"板块中实现对知识的学习和复习巩固。

3.3 积分游戏加成,加强用户黏性

根据伯尔赫斯·弗雷德里克·斯金纳提出的"强化理论",学习的强化原则是理解和修正行为的基础,这种强化可以理解为对一种行为的肯定或否定的后果,即对某一行为的报酬与惩罚,从而在一定程度上影响这种行为的发生或者发生频率。❶ "学习强国"已经拥有极大体量的用户,如何沉淀这些用户是其考虑的重要问题。平台可以通过内在群组或好友的联络增强用户黏性,但同时也不能忽视用户对平台的独一性选择。

因此,"学习强国"采用了各种诸如积分、游戏的手段来激励用户对于知识的学习。首先是积分激励机制。用户可以在积分界面查看个人通过知识服务学习所积累的积分,并通过完成规定任务积累积分。在任务完成的过程中,平台根据"不同程度的强化物给到不同程度的行为",对于不同程度的完成情况给予不同程度的积分,刺激用户,实现积分制学习。平台将积分转化为可消费的代币,用户可以根据个人拥有的积分在"强国

---

❶ 斯金纳. 瓦尔登湖第二 [M]. 王之光, 樊凡, 译. 北京: 商务印书馆, 2016: 57.

城"中兑换各种心仪的礼品。多种强化手段的应用有助于刺激用户学习行为的发生频率,激发用户通过知识服务展开学习的积极性,从而加强用户与平台的黏性。

3.4 搭建应用场景,保障需求实现

"场景理论"最早可以追溯到欧文·戈夫曼的"拟剧理论",随后约书亚·梅罗维茨提出"媒介场景理论",将"媒介主义"和"场景主义"结合在一起,从场景维度研究电子媒介如何影响社会结构。❶ 学者彭兰对形成场景的基本要素进行研究,认为其最终目的是满足用户在不同情境下的不同需求。❷

平台中场景的出现可实现"一物多用",在当前融合媒体时代,以微信为典型的场景型平台拥有极其庞大的流量,不少知识服务平台也着手搭建各自的场景型应用,保障用户各种各样需求的实现。"学习强国"APP当前已经嵌入了"强国城""强国服务""强国医生"等小插件,覆盖娱乐、医疗、出行等多个方面,最大限度地便利了用户的日常生活,也有效实现了用户沉淀。此外,搭建应用场景不仅有利于沉淀平台用户,而且可以在满足用户社会化生活和传播的同时实现流量变现。

4 社交偏移:知识服务社会化缺陷

以"学习强国"为代表的知识服务平台借助社会化传播开

---

❶ 梅罗维茨. 消失的地域:电子媒介对社会行为的影响[M]. 肖志军,译. 北京:清华大学出版社,2002:23-58.
❷ 彭兰. 场景:移动时代媒体的新要素[J]. 新闻记者,2015(3):20-27.

启了一种全新的线上学习方式，其自上线以来广受好评，并被各大媒体争相报道。但是在研究过程中仍可以发现，平台在社会化传播方面依然存在着一些问题：平台整体的融合意识和特色内容输出有待加强；用户主要为党员群体，在用户挖掘方面还存在进步空间；社会化传播功能有限，用户整体社交积极性不高等。无论如何，总体而言，从当下知识服务平台社会化趋势来看，"学习强国"是一个非常成功的知识服务平台，但若想取得长足发展，也仍需要进一步提升平台影响力、公信力、知名度等，积淀用户，增强黏性，还有很长一段路要走。

4.1 广而无异：同质内容破坏学习兴致

"学习强国"平台具有最全面的供稿媒体，在信息内容上可称得上广泛全面，但是与其他媒体平台相比，其内容几乎没有差别。针对平台的大部分用户，即中共党员、预备党员、入党积极分子等，在使用"学习强国"进行学习的同时，还需要展开其他的知识培训学习，而这几项学习任务之间常有同质化内容出现，使用户产生阅读疲劳，从而影响用户的使用体验，丧失社交需求，破坏学习兴致。

在社交化传播背景中，一切技术性的传播手段和高热度的点赞、评论、分享都依赖于优质内容的生产这一先决条件。知识服务平台依托强大的媒体矩阵，可以依托"中央厨房"生产模式，根据平台特性和内容特点，输出个性化的特色内容，以独特的内容吸引用户。具体而言，知识服务平台应当结合热点话题，结合思想宣传，或开辟独特视角，迎合读者心理和需要，结合广播、视频、动画等呈现形式，生产优质内容，吸引读者进行点击、评论和分享，实现社会化传播。

4.2 存而无用：社交弱化降低传播参与

"学习强国"平台群组管理、视频会议、积分排名等功能均体现了其社会化传播功能，然而，这些社交功能虽然存在但只在满足用户体验需求的情况下才发挥效用，如大多数用户只在关注个人积分排名、组队闯关答题等情况时才在平台上进行社交，其余时间并不在平台上过多停留，自然也不会与平台或其他用户进行互动。知识服务平台并未将社会化传播功能最大限度地发挥出来，那么弱化的社交互动对于提升用户传播参与感、提高用户黏性、实现平台流量攀升就没有过多实质性作用。

当下，知识服务平台大同小异，想要突出重围，唯有平台开发差异化功能，优化用户与用户、用户与群组、用户与平台之间的社交强度，实现社会化传播纵深发展。具体而言，平台可以借鉴成功的社交软件的模式，拓展文字、语音聊天功能，增加表情包聊天服务等。此外，平台还可以在内容界面设置吸引用户分享、评论的机制，鼓励用户进行社会化传播。同时，完善考核制度，不能让用户为了完成任务得到积分而学习。

4.3 多而不全：群体壁垒削减用户类别

在对"学习强国"APP的研究过程中，可以发现"学习强国"的用户仍然集中在党员群体。即使"学习强国"自上线以来一直以"立足党员，面向全社会"为宗旨，但其主要还是用于党员及其后备群体的学习和培训。此外，"学习强国"中的内容大多是时政内容，同时网络用户对"学习强国"的内容存在刻板印象，认为其中的信息内容基本都是严肃的党政知识，这使得他们不愿意下载并进行学习。

基于此，知识服务平台应该对目标用户进一步细分，形成个性化推送。同时，在挖掘潜在用户方面，充分考虑用户的年龄、职业等社会属性，对接各大媒体进行广泛的推广宣传，不仅要突出自身专业知识的一面，也需要尽可能展现个性服务的一面，还可以鼓励既有用户邀请好友加入平台，拓宽用户覆盖面，将其打造为真正的全民学习平台。

5 结　　语

"学习强国"APP作为一款新型知识服务平台，将严肃的党政知识学习嵌入日常社会化传播模式中，在构建"场域社交"，增强互动传播，借助"积分游戏"搭建应用场景等方面进行了创新实践，极大程度地丰富了用户的学习体验，成为新型党政知识的传播"窗口"，走出了一条独具特色的知识服务道路。但同时，我们也必须注意到，"学习强国"APP当前仍存在一些问题，如内容同质化程度过高，社会化功能时有失效，用户类型不全等，因此，面对这些问题，平台还需要作出针对性改变。未来，"学习强国"APP依托各大媒体矩阵，输出具有特色化、差异化和深刻影响力的传播内容，仍然要深化内嵌的社会化传播功能，增强用户在平台内社交的强度、广度和深度，拓宽用户覆盖面，面向全社会提供更为优质的知识服务。

运动类软件社区功能对于健康传播效果影响研究

——以健身软件 Keep 为例

高诗晴

1 全民健身热潮中的数字应用

2021 年 7 月 18 日，国务院印发《全民健身计划（2021—2025 年）》，坚持以人民为中心，就今后一个时期促进全民健身更高水平发展，更好满足人民群众的健身和健康需求作出部署。培养国民健身意识，加强国民身体素质。随着公众对健康水平要求的提高以及对健身知识理解的加深，越来越多的人开始积极投身于健身活动之中，同时他们也更加关注所谓的"亚健康"状态。这种现象对健康传播的需求产生了推动作用，同时也对其质量提出了更高的要求。

在"互联网+"时代下，互联网与行业的深度融合催生了新形式新业态。互联网与体育行业，与健康行业的结合使得更多健身类软件出现。2020—2022 年，线下健身行业受到很大冲击与影响，但"云健身"热潮也给予了健身软件更多机遇。健身软件也在此影响下不断发展，满足用户更多更新的需求。随着技术的不断发展成熟，在5G时代与物联网时代背景下，大数据、VR、AI技术都被运用到运动软件之中，让用户更有参与感、在场感和体验感，技术支持为新型运动模式打下基础。

现代社会，人类个体必须置身于社会关系网络中方能开展信息传播实践活动，进而完成本体的生产、生活和生存类活动。所以人离不开社交。在媒介技术融合的今天，社交媒体的连接使人们跨越时空在网络空间聚集，也构建了一种全新的线上社群模式。在此背景下，线上运动社交出现。健身软件中的社区功能为有共同兴趣的健身爱好者们提供了一个交流分享的平台，增强用户的参与感与互动感以及身份认同感。

在媒介深度融合的背景下，新媒体将大众传播与人际传播紧密结合，为健康传播提供了新的机遇。通过对用户使用健身软件Keep中社区功能的行为和使用前后的态度变化进行观察，从而研究运动社交在对于用户、平台、产业、社会等方面发挥的作用。对于软件中社区功能的研究，可以更准确地了解用户使用需求，从而改进、完善平台相关内容，使用户获得更加精准、舒适的服务，平台更加充分地满足用户使用需求；使得运动社交类产品从中得到开发、运营灵感，更好地把握发展方向，这也会增强用户黏性，拓宽受众范围；使体育产业更好更快地发展与完善；使得健康传播效果增强，大众可以更高效地了解健康知识，随着大众对健康生活的意识不断提高，采取健康的行为与生活方式，激励更多人关心、注重自己的身心健康并积极地加入健康生活的行列中，促进全民健康、健康中国的发展。

2 健康传播视野下的数字健身

健康传播是一门新兴的跨领域学科，它融合了"传播"与"健康行为改变"这两个不同的研究领域，将公共宣传的概念应用于健康主题上，通过各种传播手段传递健康信息，提高公众健康意识与自我保健能力。健康传播最为熟知的定义由美国著名传播学家罗杰斯提出，健康传播是运用各种传播媒介和传播手段，为维护和促进人类健康而编辑、发送、共享健康资源的过程。具体来说，就是借助各类传播手段、媒介，对健康信息以及资源进行编辑、传输、共享，以求达到促进人类健康、维护人体健康的目的。❶ 健康传播是传播学的一个分支，通过将健康相关研究成果转化为大众所易于理解的健康知识。健康传播不仅关注信息的传递，而且更注重受众的行为改变，通过深入了解受众需求与行为特点，制定相应传播策略，引导公众采取健康的行为方式，改变大众意识与态度，从而提高大众健康水平，提高国家生活质量。

健康传播起源于美国，美国斯坦福大学的"斯坦福心脏病预防计划"（Stanford Heart Disease Prevention Program，SHDPP）是健康传播的启蒙运动。❷ 20世纪80年代，健康传播逐渐成熟。1989年，《健康传播》这一专业学术期刊的出版标志着健康传

---

❶ ROGERS E M. Up-to-date Report [J]. Journal of Health Communication, 1996, 1 (1): 15-24.

❷ ROGERS E M. The Field of Health Communication Today [J]. American Behavioral Scientist, 1994, 38 (2): 208-214.

播在学术上走向成熟,为健康传播学科提供理论基础。❶ 20 世纪 90 年代,健康传播步入新的发展阶段。而近年来,健康传播的内容更多地与现实问题相结合,并集中反映了当下社会的热点话题和民众关注的焦点,内容更加多样化。

国内健康传播相关研究开始得比较晚,2008 年,张自力提出,对于我国健康传播研究的萌芽有两种不同的观点:一是从公共健康卫生研究的角度出发,认为健康教育是健康传播研究的开端;二是从传播学研究的角度切入,认为传播学研究学者的加入以及开展"传播学问题意识"为导向的研究课题,是我国在传播学意义上健康传播研究领域得以发轫的必要条件。❷ 国内健康传播的发展大致经历了三个不同阶段的探索,即"科学卫生与宣传推广时期、健康教育训练与科学健康意识促进培养时期、健康传播普及时期",从最初单一的科学健康观普及传播到通过普及知识与方法塑造良好健康意识观念行为并有效改变自身健康观念与行为,最终初步确立了传播观的重要地位。❸

新媒体作为健康传播的一个新手段,成为一个重要的研究议题。我国对于新媒体环境下的健康传播研究成果大多数涉及医学领域,跨领域方面的研究并不丰富。相关内容大多数涉及健康传播策略、实践、健康传播"知识鸿沟"问题以及后疫情时代健康传播发展研究等。随着近些年来运动软件数量的不断增加,以及大众对于健康话题的高度重视,有学者开始研究健

---

❶ 张自力. 健康传播学:身与心的交融 [M]. 北京:北京大学出版社,2009 (9):34.

❷ 张自力. 健康传播研究的发展、现状与趋势 [C]//第六届亚太地区媒体与科技和社会发展研讨会,2008.

❸ 聂静虹. 健康传播学 [M]. 广州:中山大学出版社. 2019.

康类媒体的健康传播效果，但对于社交媒体传播渠道的研究很少，并且考察的角度也比较狭窄，需要更多角度的跨领域创新研究来补充更新。而本文将社交媒体与健康传播相结合，探索社交媒体为健康传播提供的新渠道、新空间以及新的可能性。

在硕士论文《我国"互联网+健身"实现途径研究》中，作者幸运通过对比国外健身行业与我国传统健身行业的发展现状，探索我国"互联网+健身"的实现路径，预测我国的"互联网+健身"的发展趋势、竞争中的融合与软件交互，以及整个健身行业的合作、健身数据库的组建。❶ Keep 是一款致力于提供健身教学、跑步、骑行、交友以及健身饮食指导、装备购买等"一站式"运动解决方案的健身 APP。该软件不局限于健身领域，而是打造一个"自由运动场"，用户既可以找到自己喜欢的运动并参与其中，也可以找到志同道合的人进行自由交流，共同感受运动的快乐。Keep 对现有运动模块进行整合，精准提供个性化服务，社区互动形式也十分丰富。Keep 还将大数据与 AI 技术融入运动之中，提升用户运动体验以及对于运动需求的准确度。而现在对于 Keep 的研究大多数是关于其发展研究、营销策略研究、在体育教学领域的应用研究以及用户使用满意度研究。从运动社交角度探索 Keep 的研究不多，对于 APP 在健康传播领域的开发、应用方面的研究也很少。

互联网下的社交媒体建立起一个公共讨论广场，线上虚拟社区提供了一个全新的交流空间与形式，将有相同爱好、相同关注的人迅速聚集，形成新的公众参与模式。社交媒体不断探索新技术、新形式，社交逐渐成为一种元素而不仅仅局限为某

---

❶ 幸运. 我国"互联网+健身"实现途径研究 [D]. 成都：成都体育学院，2016.

一种媒体,"社交+"新模式不断发展,成为各平台拓展新用户、寻求新发展的一大契机。在相关研究中,有一些对于运动社交的研究,但将运动类APP作为传播空间的研究较少。大多数研究使用定量研究的方法,使用定性研究方法较少,对于运动社交的研究也处于初级阶段,尤其是在互联网线上环境里,运动与社交的结合并不深入。但随着技术的不断发展,在实际生活中,线上健身平台所起到的作用及其影响将会越来越大、越来越深,需要更进一步研究。

3 研究方法

本文采用个案分析法、访谈法以及观察法来获取健身类APP Keep的社区功能对用户行为的影响,以及对于健康传播效果的影响。

3.1 个案分析法

本文针对Keep进行详细的分析与研究,将其作为一个探究场所,关注Keep中社区功能的具体构建形式、用户的参与程度、用户使用前后的认知与行为变化,以及Keep社区功能对健康传播的传播效果的具体影响,从深度访谈以及观察中总结归纳,得出结论,探索运动类APP中社区功能对于健康传播的影响,寻找其特点与问题,提出更高效的措施满足用户使用需求,提高健康传播效率与影响程度。

3.2 访谈法

本文采用"一对一半结构式访谈法"与 Keep 用户进行交流,深入把握用户在使用 Keep 社区功能时的互动行为与所关注的内容,以运动社交与健康传播为主题,围绕《采访大纲》来与访谈对象自由交流,了解其看法、态度和建议。对于选取访谈对象上,尽量选择访谈对象多样的身份,如使用社区功能的普通用户、经常发布内容的用户等,以及在性别、职业、年龄等方面都选择更加全面的访谈对象。

3.3 观察法

本文通过深入 Keep 社区功能之中进行观察,获取素材。从多角度观察、分析平台功能特点以及用户行为,从而对采访结果进行补充梳理,全面分析运动类 APP 社区功能对于用户认知、态度和行为变化,以及对于健康传播效果的影响。

4 互望凝视: Keep 社群的健身激励

以下是对于访谈对象的采访内容,以及本文在 Keep 社区中根据观察一段时间的结果所作出的总结与分析。

4.1 Keep 社群交互方式

Keep 社区功能又可细分为"关注""精选""圈子"三大板块,经常会设置一些"有奖话题"以及"主题活动"来吸引用户进行互动，带动更多人参与运动。

关于社区功能中的内容，部分新用户并不经常发布内容，但会关注其他用户发布的多种主题内容，其原因主要在于用户自愿学习运动健身相关专业知识、健康食谱等以达到减脂、塑形的目的；有用户提到，他们可以在社区功能中欣赏到健美的身材，能够产生一种欣赏美的愉悦感，也会在这种激励下参与健身；也有部分用户是在运动后的休息时间偶然看到社区功能，从而开始使用，并与其他用户进行互动；还有用户是好奇他人的健身效果以及健身过程，从而开始使用社区功能。他们在社区功能中的行为大多是点赞、评论和收藏。

也有部分用户会在社区中发布内容。内容大多是自己运动的打卡记录、饮食记录、运动前后对比记录、身材展示和运动健身心得等关于日常运动生活的分享。而社区功能的内容更多的则是健身 KOL 发布的专业知识。许多拥有大量粉丝的健身达人都入驻了 Keep APP，在社区功能中发布动态，如专业知识分享、减脂饮食分享、健身课程表以及日常分享，他们发布话题来吸引更多粉丝进行互动，并参与到运动健身之中。也有部分用户会认为，社区功能中广告居多，他们不愿分享自己的运动过程，所以对 Keep 社交功能的使用比较少。

4.2 身份赋予：Keep 用户群体的虚拟共在

大部分使用 Keep 社区功能的用户表示，通过获取社区功能中的专业知识等内容，在运动健身的过程中会更加专业，这会减少一些因为不规范操作对身体造成的伤害；他们也从中更加了解运动的意义，提高了健康素养，甚至通过一段时间的关注、学习可以使他们可以更轻易地分辨出相关内容质量的好坏。有些用户在关注感兴趣的内容时丰富以前并没有注意过的运动和健康相关的知识，得到更多健康生活的保障。

有用户表示，Keep 社区功能更新了一些冰雪运动主题活动，有很多用户积极参与其中，并在社区功能中分享相关视频、照片，这使一些原本不太了解的用户开始对冰雪运动感兴趣并购买装备，准备参与其中。特别是在北京 2022 年冬季奥林匹克运动会（以下简称"冬奥会"）期间，会使用户产生一种助力冬奥会，响应"三亿人参与冰雪运动"政策的感觉，觉得自己离冬奥会更近了。

许多用户表示，他们都有在社区功能中进行运动打卡的习惯。坚持记录并关注自己的身体变化会使自己更加有动力坚持运动。这种明显的变化除了身体更加强健之外，还会有一种精神上的满足感，更有利于将运动健身变成兴趣爱好，在健身的过程中得到快乐。很多用户都认为，其他用户的运动健身成果会激励自己坚持运动，提高运动健身的频率，养成良好的健康生活习惯。

Keep 圈子分成不同的兴趣板块。用户可以在自己感兴趣的圈子中交到朋友，相约一起运动。有用户表示，自己在圈子里认识了很多志同道合的朋友，每周都会有几天相约一起运动，比起以前，现在感觉不孤独了，也比以前更有动力了。而且运动也会更有规律、更积极，变成了一件值得期待的事情。Keep 还设置了排名的功能，营造出一种互相促进、互相赶超的氛围。这都会使用户更加积极地面对运动，提高用户的运动频率并坚持运动。

Keep也有线下的活动,且Keep的用户被亲切地称为"Keeper",它是一种身份的象征,使得用户具有团体意识,感觉自己成为团体的一员,这既有助于用户更积极地参与APP推出的活动,又让用户与用户之间的联结更加紧密。

4.3 身材焦虑:社区分享中的潜在不足

用户对于Keep社区功能所提到最多的问题就是其中专业内容的质量问题。对于同一种运动,不同的KOL说法有时完全不同,甚至完全相反,很多时候用户都无法判断什么才是正确的做法。毕竟运动健身出现不专业的操作会对身体造成很大伤害,所以社区功能中内容的把关是最重要的一环。还有很多用户认为,不同的人适合的运动难度、训练程度都大不相同,如果盲目地去跟随一些KOL做不适合自己的运动,反而达不到锻炼身体的效果,甚至会有一定的安全隐患。平台不断的商业化导致广告增多,这也会影响用户对于内容专业性的判断。

也有用户认为,一些KOL在刻意引导一种单一的、固定的审美,对肌肉的过分追求,对过度运动的夸张宣传或者对体重的严格把控等,对于用户的身心健康都会有不好的影响,会造成身材焦虑。身材可以是多样的,只要健康,人们是可以把握自己的身体的,不一定要迎合所谓的"大众审美"。在社区功能中可以看到,有用户在挑战打卡一周只吃玉米,引得很多人效仿这种做法,但这样的饮食营养并不均衡,反而有种猎奇的意味在里面。

有些用户发布内容,由于他们只是普通用户,所以他们发布的内容往往不能被更多用户关注,这会使他们有一些失落感,甚至影响到运动的积极性，这与平台数据分析也有关。如果只将粉丝多的用户发布的内容放在精选推荐位置不断循环，可能会使更大一部分的普通用户使用社区功能的积极性下降，甚至是使用 APP 的积极性也会下降，这是不利于健康传播的发展的。

也有用户认为，在 Keep 社区功能中会发现有些人已经将 Keep 作为一个社交平台，在使用过程中以社交为主，反而使运动变成了社交的一种辅助手段。很多用户会积极活跃在社区功能之中，但并没有积极参与健身运动。很多人都表示会有"关注过等于做过"的情况，只收藏不运动，只改变意识而不改变行动的情况很多。在 Keep 的线下活动中也可以看出，由线上到线下的用户转化率也并不高。

5 结 语

根据以上对于访谈对象感受以及本文对 Keep APP 的观察总结与分析，得出以下结论。

当今社会生活节奏加快，学习和工作的压力大，很多人都处于一种"亚健康"的身体状态。在"全民健身计划""健康中国"政策的背景下，健身文化逐渐流行，掀起一股线上健身的热潮。再加上网络环境的影响，"身材焦虑"常常被提起，很多人追随明星和网络红人逐渐走上健身之路。在这些背景的影响之下，传统健身格局被打破，各种运动健身类 APP 引来新的机遇，Keep 就是其中一员。

Keep 投入大数据、AI、VR 等技术进行精准推送、个性化设计，使运动场景更加真实，增强了用户的在场感与参与感。APP会收集用户的基础信息，除了定制与用户相匹配的运动项目之外，还可以为用户找到水平相当的运动同伴。APP引入UGC、OGC，设置社区功能，给予用户一个学习、交流、分享的平台。

可以看出，Keep社区功能不断促进健康知识的广泛传播，促进用户持续保持健康的生活习惯，坚持运动。在APP不断发展和完善的过程中，用户在运动与社交中得到身心上的满足。用户在社区功能中自我表达获得自我认同。通过与其他用户的互动，用户之间的联结越来越紧密，在这种亲切感中形成一种群体认同。用户在这些基础上对于运动健身、健康生活的意识观念更加强烈，国家政策、平台话题等多层面的引导都会为用户带来一种社会认同。这些不同层面的身份认同都是用户坚持使用Keep健身、坚持健康生活的动力。Keep所做的种种努力，都鼓励用户坚持使用并吸引更多潜在用户，增加用户黏性，这也意味着健康传播受众的不断扩大。

为了平台更好地发展，不断增强对健康传播效果的积极影响，运动类APP需要继续探索更好的运营方式。加强对于社区功能中内容的把关，让正确、科学的健康知识广泛传播，阻止带有安全隐患的内容出现。鼓励多样化的内容与身材分享，增强用户对于自己身体的把握性。不仅注重用户的身体健康，更要关注用户的心理健康，不制造焦虑。改善平台数据分析技术，调动用户参与社交的积极性，让更多人愿意分享自己的运动日常与运动心得感受。不断探索创新，寻找更多可以使用户真正付诸实践的传播方式，不仅是改变其认知与意识，更要让大家动起来,改变用户的行为。

总而言之,Keep APP 中的社区功能对于健康传播起到了十分积极的作用,引导用户了解更多健康知识,关注自己的身心健康,保持健康的生活习惯,这对于整个社会的健康发展是十分重要的一环。

声音景观在中文播客平台的构建
——基于对小宇宙 APP 的实证分析

段 然

1 研究背景

在各类终端设备和音频、视频处理技术的赋能助力下,以短视频、影视综艺和电商直播等为代表的视频类传媒,凭借其强烈的视觉冲击、沉浸感和在场感而获得受众的大部分注意力。但是,随着视频传媒产业内部竞争态势的加剧,国内视频消费者的时长红利增长趋向枯竭,有赖于搜寻新的有效增量和产品形式。数字时代用户的消费方式和媒介的传播形态呈碎片化趋势,消费者对信息的需求也趋向多样,渴望调动除视觉感官外的更多感官通道,参与信息收受活动,满足主体的多维知觉体验需求,在此背景下,诉诸听觉感官的"有声阅读"文本激发"耳朵经济"的市场潜能。

"耳朵经济"将受众从视觉文化收受方式的肢体捆绑和躯体束缚中解放出来,以音频文本作为主要传播形态,不仅满足其受众在虚拟空间的情感陪伴，而且相比抽象化的视觉阅读，声音聆听回归了人类直接传播时期的临场化交流体验。近年来，在众多音频传播形式之中，一直处于冷却期的中文播客开始复苏并发展。尽管中文播客诞生已久，但由于太过小众和商业模式不成熟等原因而一度沉寂。2020年，中文播客平台小宇宙APP创立，使播客再一次被大众关注。

2020年3月26日，宁波意赋科技有限公司推出了一款专门面向中文播客创作者和听众的APP——小宇宙。播客公社发布的《2021播客听众报告》显示，在播客听众平台的使用率中，小宇宙以39.6%的占比排名第三，仅次于喜马拉雅和网易云音乐；在播客听众的首选平台中，小宇宙仅次于喜马拉雅，以25.6%的占比排名第二。在上线不到两年的时间里，小宇宙作为垂直类音频内容产品跻身于中文播客市场的第一梯队。小宇宙的出现让受众在智能时代发现并获取信息，形成情感认同的新场域和新可能，也为中文播客的声音景观构造带来很多新启示。

2　文献综述

2.1　关于中文播客的文献综述

随着声音媒介不断被重视，中文播客带来的是广阔的发展图景和较大的学术研究潜力。截至2023年，在中国知网（CNKI）搜索以"中文播客"为主题的文章有84篇，其中，学术期刊论文42篇，学位论文31篇，会议论文2篇；而发布在

2021—2022年的文献占总数的80%以上。可见，中文播客在之前由于发展态势不明显，发展路径不清晰而致使相关研究文献较少。应学凤认为，与博客相对应的是报纸和书籍，播客的对应物则是广播和电视。❶ 冉聃从多元的传播学角度，分析了播客对传统媒体所形成的冲击，及其对传统传播学相关理论的突破之处。❷

近年来，关于中文播客的研究较为繁荣，本文在整理相关文献后，将其总结为以下四类。

（1）对中文播客的社群互动研究。雷淑妍和王采妮认为，中文播客是通过情景仪式的建立，设定界限来完成主播和听众的平等关系下的情感认同。❸ 张晚林则通过对15位主播和听众的深度访谈发现，中文播客以播客节目为中间载体和焦点，建立起仪式场域和身份情感的认同，同时他发现了这一互动仪式也可能会因仪式构成要素缺失等原因而告失败。❹ 曹静伟则认为，中文播客社群化传播的基本路径是"IP+关系+互动"。❺

（2）对中文播客运营与营销的研究。赵航基于4I理论，从趣味、利益、互动、个性四大原则角度，分析播客营销的优势和发展方向。❻ 郭翀亦则以小宇宙APP为例，分析中文播客在

---

❶ 应学凤. 网络三剑客：博客、播客与维客 [J]. 语文教学之友，2006 (12)：42.

❷ 冉聃. 播客传播：对传统范式的挑战 [D]. 苏州：苏州大学，2008.

❸ 雷淑妍，王采妮. 数字交往与情感共享：中文播客社群的互动仪式链 [J]. 科技传播，2022 (24)：120-122.

❹ 张晚林. 互动仪式链视阈下中文播客的互动研究 [D]. 北京：北京外国语大学，2022.

❺ 曹静伟. 中文播客社群化传播研究 [D]. 兰州：兰州大学，2022.

❻ 赵航. 基于4I理论的中文播客营销分析 [J]. 新媒体研究，2021，7 (12)：54-56，60.

数字营销方面要通过对内容的细分来增强用户黏性，采取针对性的营销，成为品牌的话语接口。❶史林娟和聂艳梅则通过中文播客和美国播客的对比分析来发掘中文播客未来的广告价值所在。❷

（3）对中文播客未来的发展路径提出建议。刘艳青选取了新闻播客这一播客子类，从数量、新闻出版和发行、受众、内容、盈利模式、收听平台方面进行分析，从而为国内新闻播客指明发展路径。❸赵李伟从市场规模、节目内容、参与主体、形式载体等方面阐明播客现状，发现目前面临的主要问题和风险，并提出建议和解决方法。❹

（4）对中文播客的内容叙事进行研究。唐乐水和韩雨点对小宇宙 APP 中 11 个女性议题播客账号作出分析。他们认为，对比其他平台，播客作为声音媒介有着显著的性别叙事价值，其理性和克制的叙事更加适合女性议题的讨论。❺林锦豪则总结了脱口秀播客"凹凸电波"的运营模式和核心价值，为脱口秀播客未来的内容创作提供发展策略。❻

---

❶ 郭翀亦. 泛媒体时代中文播客的数字营销——以小宇宙 APP 为例［J］. 新媒体研究，2021，7（17）：47-49.

❷ 史林娟，聂艳梅. 耳朵媒介的崛起：音频播客的广告价值与发展路径［J］. 中国广告，2022（3）：53-57.

❸ 刘艳青. 全媒体语境下国内新闻播客发展路径探索［J］. 新闻研究导刊，2020（20）：209-212.

❹ 赵李伟. 播客现状梳理及规范发展建议［J］. 广播电视信息，2022，29（7）：9-11.

❺ 唐乐水，韩雨点. 声音媒介中的性别叙事：小宇宙女性播客账号分析［J］. 东南传播，2022（8）：137-140.

❻ 林锦豪. 场景时代脱口秀播客的内容创作研究——以《凹凸电波》为例［J］. 科技传播，2022（14）：75-78.

2.2 关于小宇宙 APP 的文献综述

小宇宙作为一款垂直类播客 APP，以简洁的页面设计，精准推荐的个性化机制，提供契合中文播客听众的"发现""收听"和"社区"体验。用户可以通过搜索和推荐查找播客。在搜索栏目可以通过关键词搜索到相关的节目、单集、用户三个维度。推荐机制也有丰富的形式，有每日编辑精选、榜单（最热榜、锋芒榜、新星榜）、最近听过推荐、"具有该用户特征的相同群体"也在听的节目、为你精选、可能还感兴趣等，覆盖了大众热度、用户个体兴趣、相同群体兴趣、平台主导推荐这四个方面的内容。在听播客时可以随时点赞和评论，且点赞会被记录在播放进度条中展示给其他用户，评论也可以选择是否记录时间节点。

作为大众文化传媒的新生商品，学界关于小宇宙 APP 的研究尚处于起步阶段。截至 2023 年年底，中国知网（CNKI）只有 20 余篇论文有所涉及，然而已发表论文均关注到小宇宙 APP 运营模式的优越性和市场效能。黄悦琳关注小宇宙对社交功能的克制化呈现，深入分析了小宇宙是如何创建轻社交图景的。[1] 孙鹿童则认为，小宇宙作为连接上下游的平台起到连接多元主体的中介作用。[2] 周利娟梳理了中文播客的发展历程和不足之处，

---

[1] 黄悦琳. 以声为媒的播客轻社交探析——以小宇宙 APP 为例 [J]. 中国报业，2022（10）：16-17.

[2] 孙鹿童. 作为音频产品和交流空间的网络播客——以小宇宙为例 [J]. 现代视听，2021（6）：59-62.

并认为从小宇宙中能够发现未来播客的发展方向。❶ 余和歆则运用场景理论来分析小宇宙是如何通过产品设置建造场景的,并且这种场景是如何为播客用户提供情感体验、塑造播客品牌、重构权力关系的。❷

3 研究方法

3.1 焦点小组访谈法

本文采用焦点小组访谈法,在微博、豆瓣、小宇宙等网络平台上招募小宇宙 APP 用户,最终筛选出具备同质性的 8 人进行访谈。访谈前,对访谈对象作基本了解,结合研究主题撰写访谈提纲,如表 1 和表 2 所示。通过腾讯会议平台开展访谈活动,并通过录屏记录访谈过程。在访谈过程中,实时记录访谈对象的发言情况,并作会议总结。访谈结束后,通过使用 NVivo 质性分析软件,对访谈文本进行编码整理以便真正了解访谈对象对小宇宙 APP 的使用感受以及对中文播客的期待。

---

❶ 周利娟. 移动互联时代中文播客平台发展研究——以小宇宙 APP 为例[J]. 视听,2021(2):119-120.

❷ 余和歆. 基于场景理论中文播客平台的研究——以小宇宙 APP 为例[J]. 科技传播,2022,14(8):146-149.

表1　焦点小组访谈对象信息表

序号	代号	职业
1	DR	新闻传播学研究生
2	YJ	新闻传播学研究生
3	CX	互联网大厂运营
4	CYQ	某图书公司编辑
5	WZH	新闻传播学研究生
6	LJR	大学英语教师
7	LQ	新闻传播学研究生
8	GLM	新闻传播学研究生

表2　小宇宙播客主题访谈提纲

主要问题	探索性问题
访谈对象对中文播客的使用情况	(1) 你是什么时候接触到播客的？ (2) 你基于什么动机或目的去收听播客？ (3) 你一般用什么APP听播客？ (4) 你收听播客的场景是什么？你在什么时候最常听播客？
访谈对象对小宇宙的使用看法	(1) 你认为小宇宙相较于其他播客类APP的优点是什么？ (2) 你对小宇宙中插入广告的接受程度？ (3) 女性议题等深度议题在小宇宙平台是否更能获得发展和讨论？ (4) 你在听播客的过程中，是否想过自己去做播客？ (5) 你对小宇宙中简单易操作的自制播客设置有什么看法？

续表

主要问题	探索性问题
访谈对象对未来中文播客发展的看法	(1) 你认为,中文播客该走专业化道路? 还是走大众化道路? (2) 你是否了解到一些国外播客对我国播客发展有可借鉴之处吗?

3.2 参与式观察法

研究者通过订阅、收听小宇宙内各类中文播客节目,加入"无聊斋""东亚观察局""一个观众站起来"等播客节目的听友群,订阅微信公众号及微博等其他媒体平台,深度访问播客节目官方网站等方式,参与小宇宙播客的传播活动。此外,通过对豆瓣小组"我们都爱听播客"的长期观察,获得小宇宙节目用户的相关需求和信息。

4 研究讨论与结论

4.1 小宇宙 APP 的声音景观建构

4.1.1 泛文化与精准定位:把握定义播客的"先手棋"

小宇宙的官方团队称:"我们是为喜欢播客的人设计的播客信息客户端。"然而,在中国音频文化消费市场中,播客知名度依然较低。国人对播客处于"播客是除音乐之外的所有互联网音频"或者"播客是主播对谈/闲聊类内容"的偏离印象。❶ 小宇宙根据市场形势和"播客平台"的自我定位,小宇宙把握住播客的沙龙特性以及人们对知识文化领域的需求。凭借小宇宙的功能价值延展播客产品的内涵边界,而这个定义在没有竞争观点的情况下,在用户心中留下深刻印象,或者说成为人们认同的中文播客的定义。

把握定义中文播客的"先手棋",为日后小宇宙建立自己的特色声音交流场域,区别于其他平台打下坚实基础。回顾播客产业 2020—2023 年的发展历程,2020 年 3 月"小宇宙"上线,同年 6 月喜马拉雅上线"播客频道",同年 10 月蜻蜓 FM 宣布正在打造播客平台,同年 11 月快手内测播客 APP"皮艇"上线,网易云音乐也在此时改版,将"电台"入口更名为"播客"。由此可见,播客赛道的竞争愈发激烈起来。❷ 然而,在访谈过程中,访谈对象 LQ 称:"之前喜马拉雅也听,网易云也听,知道到了有小宇宙之后,就直接转到了小宇宙,其他软件使用频率下降了很多,或几乎为零。"事实上,小宇宙的确在众多具有播客功能的 APP 中具有一定的竞争力,这可以归功于小宇宙对自身的精准化定位。

拿喜马拉雅平台举例,上线之初,播客并没有被单独划为一类,而是分散在"历史""人文""情感生活""职场"等各

---

❶ 郭翀亦. 泛媒体时代中文播客的数字营销:以小宇宙 APP 为例 [J]. 新媒体研究, 2021, 7 (17):47-49.

❷ 刺猬公社. 中文播客元年:2021, 告别"近亲繁殖"[EB/OL]. [2021-01-13]. https://www.mp.weixin.qq.com/s/_aM6oBKgCUghuuIM8iboMA.

个内容板块里,❶ 随着后期升级,播客被单独放在一类,但仍然遵循着整个平台的频道分类思路,将播客划分成"体育""职场成长""科技商财"等模块。这一设置体现着内容的多样性,但同时也丧失了独特的播客特性和场景构建。而作为泛文化产品的小宇宙潜移默化地将播客通过议程设置——每次的推荐节目,将内容框定在泛文化类聊天对谈节目中,人为制造一种交流场,避免了其他内容对此类内容的干扰。

4.1.2 轻社交与高共情:构建深度沉浸式的仪式场域

2020年,大众的空间流动和社交活动以及个体与外界的阻断造成的强烈的孤独感和表达欲需要得到排解。在现代文化产业的影响下,在人际关系被空间隔阂的时候,受众可通过收听机械复制的音乐能产生虚拟的"情感共在"和孤独状态下的陪伴感。小宇宙 APP 的出现为大众提供了一个获取情感价值和话语表达的线上渠道,从小宇宙在内容和产品设置上能够看出,小宇宙在致力于构建一个能够使大众产生话语联结的、高度沉浸式的仪式场域。

在内容设置上,小宇宙是讨论许多深度议题的重要阵地之一。这些议题往往以社会热点、生活痛点和知识情感为主,本身就是能够引起大众极大共情的议题。对于这些议题的讨论逐步深入,能够建立起用户与主播两方共同的沉浸式谈话场域。

这些深度议题大多通过对谈的形式建造出的特别话语场域呈现出来。由互联网数据中心发布的《2020 年中文播客听众与

---

❶ 余和歆. 基于场景理论中文播客平台的研究——以小宇宙 APP 为例 [J]. 科技传播, 2022, 14 (8): 146-149.

消费调研》显示，用户经常收听的中文播客类型中，主播多人聊天占比81.4%，嘉宾做客访谈类占比77.6%，陪伴的价值在这里彰显出来。❶ 这种陪伴感有时甚至比知识内容更加重要，在访谈中，访谈对象CYQ称："我的室友每天早上洗漱时都在听播客，而且有的时候放的是新闻，有的时候放的是访谈式的播客。她每天早上睡醒，不管人有没有起床，都会先播放播客。她有这种习惯，或者说是生活的仪式感。"

而在产品设置中，小宇宙的使用过程会体现出媒介社交互动属性，但这种社交属性又隐匿于交互机制中，表现得较为克制。这种轻社交避免了互联网下"过度联结"产生的社交倦怠。声音作为媒介所建造的是一个相对低压力、高浓度氛围的场域，在这个场域所进行的社交，无论是主播对听众的自我展现，还是听众通过评论进行和主播的对话，都是在一定限度进行的保持舒适距离的社交体验。

4.1.3　强信任与弱门槛：促进品牌塑造与内容产出

在谈及播客和其他音频形式相比的特殊之处时，访谈对象LQ指出："播客不可能跟喜马拉雅等其他APP一样，它首先是主播个人化的生活态度和思想观点的表达，之所以让很多人愿意听，肯定还是跟主播的个人魅力和知识储备等是有关系的。"播客节目的主播所呈现出的声音特色、谈话风格、观点表达在相当大的程度上定义了节目的基调，使其具备和其他节目区别开来的鲜明特征。听众正是基于这种对节目特色的兴趣倾向和

---

❶ 199IT互联网数据中心. Pod Fest China 2020中文播客听众与消费调研［EB/OL］.［2020-05-06］. https://mp.weixin.qq.com/s/WIJ7nQJ-5AewMFK2_Tj3Yg.

表达观点的情感认同在较长时间的收听中，对主播或节目品牌产生信任。

这种主播个人品牌在吸引到较多的注意力的基础上能够获得商业价值。❶ 随着中文播客的发展壮大，其中所蕴含的广阔商业价值被各类平台注意到。访谈者 CYQ 称，其所处的图书公司在营销的过程中也开始把播客作为和抖音、小红书等社交平台一样重要的营销渠道。不难发现，在小宇宙 APP 中，一些头部的播客开始了广告的植入。播客"日谈公园"的创始人表示，现在"日谈公园"的广告复投率达到 40%。❷ 在访谈过程中，绝大多数访谈对象认为，只要广告植入能与节目内容有所结合，植入不过于生硬，是能够接受广告植入的。听众对广告植入的高接受度是基于对主播的强信任感，而这种情感认同反过来促进着播客的商业化和品牌塑造。

在收听播客的过程中，作为收听者的听众与作为观点传达者的主播有着"以声为媒"的共鸣和讨论。在输入过程中，听众往往会受到多元观点的激励而产生观点输出的需求。小宇宙则通过简单的录制和剪辑播客功能向受众传达了"人人都能做播客"的理念。这种弱门槛的录制播客设置扩展了小宇宙的用户基数和生产内容，也能够促进越来越多的人认识到播客产业的商业潜力。

---

❶ 余和歆. 基于场景理论中文播客平台的研究——以小宇宙 APP 为例 [J]. 科技传播, 2022, 14（8）: 146-149.

❷ 刺猬公社. 梁文道、姜思达跨界对谈，一场"重要的少数人"的狂欢 [EB/OL]. [2020-11-02]. https://www.163.com/dy/article/FQDMTAHB051282JL.html.

4.2 中文播客的发展路径建议

4.2.1 选择特色内容赛道，利用多形式进行场景呈现

小宇宙的繁荣发展使中文播客的未来发展路径更加清晰。在本次访谈中，对于中文播客未来应走大众化还是专业化道路开展了讨论。小宇宙之所以能和喜马拉雅等其他音频类 APP 区分开来，极大原因是喜马拉雅等其他音频平台在播客内容上囊括了多领域的内容，但虽然其内容丰富，却未形成特色体系。相较之下，小宇宙则把握泛文化的主基调，节目之间有所交叉，构成特色化场景，并且积极致力于特色化场景的构建。在小宇宙，各大播客品牌在谈话形式、选题内容等方面都存在着一定的交叉性，进入小宇宙就进入了一个和网络友邻通过声音进行交谈的"文化沙龙"。

对于中文播客来说，需要学习小宇宙关于交往的相关经验，发展独具特色的内容，创建具备权威性、高沉浸与高共情的互动场景。比如，专门进行经济知识分享，分析经济局势的全新播客，或者准确探测新手父母的教育类播客，在进行广泛的受众需求调研的基础上，抓住受众"垂直类知识"和"兴趣爱好"的两类关注点，积极发展出具有深度和专业性内容的中文播客。

此外，在关注豆瓣小组"我们都爱听播客"的过程中发现，由于如今快节奏的生活将人们的时间变得更加碎片化，一些较短时长的播客成为大众的潜在需求。小宇宙中大部分节目由于是多位主播进行的深度议题探讨的形式，每档节目的时长大多数在一个半小时左右。在未来，短时长的播客或许是发展新缺

口，中文播客的发展应当敏锐探测到用户的潜在需求，发展出多种类型的播客形式。

4.2.2 坚持轻社交特性，把握好传受权利天平

相比同类型 APP，小宇宙还呈现出轻社交属性。在互联网不断发展的背景下，各大社交媒体拥有庞大的用户基数和发展潜力，其他类型的 APP 也纷纷发展起其社交功能以加强用户黏性。在此大趋势下，一个成功的产品发展之路绕不开社交功能的设计。然而，大众在与互联网的过度联结中逐渐抗拒无效社交产生的信息冗余和时间碎片化切割，从而产生社交倦怠。过度的社交往往不利于产品和行业的发展。中文播客作为音频平台，靠听觉这一种感官刺激对用户进行的身份呈现和自我展演往往是有限的。在中文播客的发展中，应顺应这种有限性，建立一个更少社交压力的轻度社交情景。❶ 在中文播客中，主播和听众主体会基于文本议题进行轻度社交，在社会身份屏蔽的状态下展开网络中介化社交体验，主播群体间、听众群体间或者是主播与听众之间，如果有深度交流了解的意愿，就需要在节目详情中找到主播展示的微博、微信公众号以及听友群等其他社交平台继续进行深入了解。

小宇宙构建的声音景观，不仅为主播和听众提供了观点表达的渠道，而且还要形成媒介化活动和情感认同的活动场域，供内容生产者和消费受众建立平等权利关系。即中文播客要创

---

❶ 黄悦琳. 以声为媒的播客轻社交探析——以"小宇宙"APP 为例 [J]. 中国报业, 2022（10）: 16-17.

建的是传受双方相对平等的权利关系。❶ 不仅是主播和听众之间的权利平等，小宇宙是 PGC 和 UGC 并存的场域，其内容推送是依据算法描绘的用户画像，个人主播的播客和专业机构的播客都有同等的机会被推送。这种公平的资源配置加上低门槛的制作播客功能，催化越来越多的优质播客产生，壮大中文播客的发展。

4.2.3 加强播客 IP 品牌的塑造，注重音频的版权维护

尽管现在是中文播客发展的初级阶段，但一些头部播客的快速成长已经展示出较为明确的品牌化趋势。小宇宙的场景构建能够给予听众临场性的情感体验，而促成情感认同的内容载体，除了观点上的认同，主播的声音特色、讲话风格等个人主观性的呈现外，在产品设计上也在帮助播客节目的特色在听众脑海中加深，比如节目的详情页面的主题颜色是节目标识的主色调。在未来，中文播客要想获得商业化的发展，就需要在发展优质内容的基础上，加强对优质播客的品牌塑造和 IP 挖掘。

现阶段播客领域的抄袭现象虽然仍未形成潮流，但随着播客节目的增加，抄袭、同质化现象也将随之增多。如果发展中文播客便不能放任抄袭现象横生，必须加强播客的知识产权保护。❷ 比如，第一，在《中华人民共和国著作权法》《信息网络传播权保护条例》等法律法规的基础上细化出一套针对播客

---

❶ 周利娟. 移动互联时代中文播客平台发展研究：以小宇宙 APP 为例 [J]. 视听，2021（2）：119-120.

❷ 龚康，徐萍. 浅谈音频分享平台在移动互联时代的生存现状——以"播客"为例 [J]. 今古文创，2021（16）：117-119.

音频节目的相关管理办法。第二，明确监管主体，平台自身监管、用户社会监督、国家相关部门管理三主体并驾齐驱。第三，升级审核技术，在功能设计中增加对侵犯版权行为的举报通道。

5 结 语

现阶段，以播客 APP 为代表的音频媒体产品用户规模和受众覆盖范围虽然有限，但是从产品自身设计和功能效用来看，从"耳朵经济"的未来市场潜能来判断，音频类 APP 依然蕴含着巨大的市场潜能，能够契合当代消费群体的碎片化交往方式和伴随性信息收受模式。分析小宇宙 APP 的独特设计与运营，发掘其不可替代性背后的发展逻辑，能够形成对未来中文播客进一步发展的有效启示。未来中文播客在吸纳其经验的基础上，应继续发展场景升级，扩大市场规模，发掘商业潜能，与其他产业联动，相信中文播客仍然有很长的道路。

第二篇　APP 时代的内容生产

拟剧理论视域下小红书中
图文博主的自我呈现策略探析

张 露

1 数字语境下的平台化呈现

1.1 虚拟社群中的自我呈现与符号消费研究

移动互联网技术的突破与智能终端的普及，使得信息传播活动对媒介技术的依赖程度不断提升。社交媒体的规模与用户体量的巨幅扩张，激活了现实中的人际传播网络，为其提供了新的传播渠道，在成为人们的社交空间的同时，也开始成为信息的集散与分发地。❶ 社交媒体平台的发展，消弭了物理时空与虚拟数字场域的时空界限，颠覆了传统的信息生产与传播方式，激励更多个体参与社交媒体空间的文本生产和文化建构，加速个体从"被动受众"到"平台表演者"的角色转型。

作为社交媒体的小红书 APP，它有着不同于抖音、微博、

---

❶ 彭兰. 新媒体用户研究：节点化、媒介化、赛博格化的人 [M]. 北京：中国人民大学出版社，2020：4.

微信等社交软件的独特传播特点。微博超话社区是基于有共同爱好或者共同追捧的偶像而聚集在一起的粉丝社交圈子，微博平台，从整体上来说就是一个圈子。一个话题可以迅速传遍整个圈子，并且围绕这个话题形成多种信息与意见交流。在圈子中，经过一定的博弈，会形成话语权力的差序格局。博弈中产生的 KOL 在信息传播以及意见表达中的作用则更为突出，但这种权力结构是动态的，经常会因为各种因素的影响而发生变化。在微信朋友圈的交流中，话语权力相对平等。微信朋友圈里用户更注重情感连接，对于话语权力的关注相对较少，因此用户的关系也更为稳定、持久。小红书是社区与电商的结合，用户可以通过在社区中分享和展示生活，也可以通过关注其他用户的日常分享实现"种草"消费行为，因此，小红书上存在符号消费现象，而这一现象的出现与用户的自我呈现行为有着极其密切的联系。然而学界对于小红书的研究主要针对其电商属性，讨论小红书平台上的广告营销及品牌战略问题，而很少涉及小红书用户借助图文形式的自我呈现行为的研究。因此，对于小红书用户的自我呈现行为研究具有一定的价值。

1.2 拟剧理论视角下的自我呈现

从理论层面来说，本文主要采用戈夫曼的"拟剧理论"来阐释小红书 APP 的媒介化呈现活动。在社交媒体时代，用户自我呈现的场景和情境变得更加多样和复杂，但是无论人们处在现实世界还是虚拟世界中，都是在对自身所处的情境作出判断后，采取符合观众期待并且能够实现自我呈现目的的策略。拟剧理论可应用于社交媒体平台用户自我呈现行为的研究，并且随着社交媒体的进一步发展，该理论也呈现出新的特征，因此以拟剧理论为研究视角开展小红书中图文博主的自我呈现策略研究具有一定理论意义。

从现实意义层面来说，信息传播活动对媒介技术的依赖程度不断提升，社交媒体发展迅速，影响了人们日常生活、工作和学习的各个方面。小红书用户发布的图文笔记相较于微博、微信都更精致，也更具有利他性。因此，研究小红书图文博主的自我呈现问题，不仅有助于用户加深对小红书的认识，提高自身的媒介思考能力和判断能力，而且还能更好地帮助用户在社交媒体中进行自我形象的建构与管理，因此具有重要的现实意义。

1.3 拟剧理论视角下的人际互动

戈夫曼在《日常生活中的自我呈现》一书中提出了"拟剧理论"，该理论以米德的符号互动理论为基础，将人类主体生存的社会化场景比喻为"情境演绎的舞台"，把社会成员定位成"舞台场景中的演员"来诠释人们在社会化场景中的行为活动。戈夫曼将"情景演绎舞台"划分为前台和后台两个区域，前台面向受众，是用户精心打造、呈现理想化自己的区域，在这里用户呈现的是能被他人和社会所接受的形象。后台是相对于前台而言的，是为前台表演做准备、掩饰在前台不能表演的东西的场合，人们会把他人和社会不能或难以接受的形象隐匿在后台。在后台，人们可以放松、休息，以缓解在前台区域的紧张。戈夫曼提出的拟剧理论，以舞台戏剧表演话语来隐喻社会化情境下主体间交往传播活动，为研究数字社交媒体平台用户的媒介化自我呈现提供指导视角和阐释工具。

梅罗维茨在结合加拿大学者麦克卢汉媒介环境论的基础上对拟剧理论进行了延伸,提出"媒介情景论"。媒介情景论更加强调电子媒介的入场所造成的情境变化的客观性。

国内关于拟剧理论的研究主要集中在以下两个方面。一是对拟剧理论所提到的观点的梳理和分析。芮必峰将戈夫曼描述和分析的表演策略概括为四种,即理想化表演、误解表演、神秘化表演和补救表演,他还提到了人类实践对于拟剧理论的重要作用。[1] 汪广华则认为,拟剧理论在强调表演者的主观能动性的同时,也不能忽略客观的社会环境。[2]

二是在拟剧理论视角下探讨现实社会中的人际互动关系,这一研究主要集中在教育学领域和旅游学领域。在教育学领域,张宇慧以拟剧理论为视角,讨论了大学教师的角色行为,他将后台看作是教师获取角色的地方。[3] 朱江勇和覃庆辉则将拟剧理论应用在旅游方向的研究。他们把旅游目的地比作一个"大舞台",东道主和游客则分别充当演员和观众的角色。[4]

随着微信的诞生,泛社交媒体时代正式到来,微信、微博、快手、抖音和小红书等媒介为用户提供了更多自我呈现的平台和方式,用户可以在社交媒体上通过文字、图片、视频等多种

---

[1] 芮必峰. 人际传播:表演的艺术——欧文·戈夫曼的传播思想 [J]. 安徽大学学报(哲学社会科学版), 2004 (4): 64-70.

[2] 汪广华. 述评戈夫曼的社会拟剧理论 [J]. 连云港师范高等专科学校学报, 2001 (3): 28-30.

[3] 张宇慧. 大学教师角色行为的社会学释义 [J]. 民族教育研究, 2008 (4): 42-46.

[4] 朱江勇, 覃庆辉. 论人类表演学理论在旅游研究中的运用 [J]. 旅游论坛, 2009, 2 (3): 330-334.

形式完成自我建构。戈夫曼提出的"舞台"概念从现实世界逐渐过渡到社交媒体上，学界对于拟剧理论的研究数量呈明显上升趋势。社交媒体的广泛使用不仅延伸了表演舞台场景的范畴，而且也扩大了演员的表演形式，拓宽了观众的反馈渠道。

董晨宇和丁依然结合拟剧理论从自我陈列、隐藏流露、观众隔离与品味表演四个方面探讨了互联网时期自我呈现环境的变迁。❶ 周源源则从舞台设置、角色类型和表演策略三个维度，分析了拟剧理论在微信中的具体表现。❷ 董江艳基于拟剧理论将微信定义为表演前台，分析了微信表情包在网络用户表演中的作用。❸

1.4 小红书发展路径与研究方法

小红书最开始的定位是电商平台，它是一款成立于 2013 年的境外旅游购物分享平台。小红书的独特传播属性还为其用户提供了信息分享的渠道和自我呈现的舞台。国内学者对于小红书的研究主要围绕其经营模式和营销方式，很少有涉及其作为信息分享的自我呈现舞台的相关研究。刘璐以电通蜂窝模型为分析工具，核心价值为中心，从象征符号、权威基础、情感利益、功能利益、个性和典型顾客形象六个要素出发，认为小红

---

❶ 董晨宇，丁依然. 当戈夫曼遇到互联网：社交媒体中的自我呈现与表演 [J]. 新闻与写作，2018（1）：56-62.

❷ 周源源. 拟剧理论视域下大学生微信自我呈现研究 [J]. 思想理论教育，2016（9）：84-88.

❸ 董江艳. 微信表情包与自我形象表达：以"拟剧理论"进行分析 [J]. 青年记者，2016（29）：11-12.

书最主要的经营理念和品牌打造策略是内容引导消费。❶ 郑影影分析了小红书经营的闭环逻辑,指出在小红书平台上,用户可以通过浏览笔记实现"种草"和消费等一系列行为。❷

综上所述,关于小红书在用户自我呈现的相关研究有一定的欠缺,但是小红书作为社交媒体的典型代表,其用户的自我呈现行为研究具有重要意义。而小红书用户大多数以图文的方式进行自我呈现,因此,本文以拟剧理论为视角,将小红书用户的自我呈现行为作为研究对象,对小红书用户自我呈现策略进行研究。

本文采用"深度访谈法"对小红书图文博主的自我呈现方式进行研究。第一步就是对于访谈对象的选择,以访谈对象的年龄、学历、职业、活跃度等因素作为筛选条件,从线上观察的用户中筛选出 10 位访谈对象,以及这 10 位访谈对象能够接触到并且有较大影响力的 5 位图文博主。根据访谈提纲,以线下和线上两种方式与访谈对象进行交流,为了避免访谈对象受访谈提纲的议程设置而影响其思路,访谈采取灵活变通的原则,随时对问题作出调整,最后整理、分析访谈内容并得出结论。

2 小红书用户的自我呈现过程

戈夫曼提出的拟剧理论所使用的观点是戏剧表演的观点,

---

❶ 刘璐. 社区电商小红书的品牌建构:以日本电通蜂窝模型为分析工具 [J]. 青年记者, 2016 (17): 96-97.

❷ 朱影影. 小红书跨境电商平台闭环经营的成功经验与启示 [J]. 对外经贸实务, 2018 (8): 93-96.

该理论的原理来自舞台表演。戈夫曼将个体向他人呈现自己的方式划分为："在他人心中建立印象的方式""控制他人对其形成印象的方式""在他人面前维持表演所付诸的行动"。本文将小红书图文博主的自我呈现过程以拟剧理论的视角进行解读，并将其进行划分，从角色的创立和维持展开论述。

2.1 角色的建立

2.1.1 选择自我呈现的舞台

小红书图文博主的自我呈现方式是从建立一个适合自己的角色开始的，表演要用到的舞台也需要与该角色相匹配，因此在前台建立好角色是出色完成演出的前提。尤其是小红书用户进行自我呈现是以物为依托的，所以通过分析其所依托的物来分析角色的建立就显得至关重要。

戈夫曼说："舞台设置包括舞台的布局、设施和装饰品，以及其他一些为人们在舞台空间各处进行表演活动时所需要提供的舞台布景和道具，无论谁要把舞台设置当作表演的一部分，都只有置身于适当的设置时才能开始他们的表演，而离开了舞台设置，表演也就随之结束了。"[1] 因此，表演者的所有表演行为都应该以舞台设置为基础，使表演更具有针对性，从而提升传播效率。小红书图文博主在进行自我呈现表演时也是基于这样的考量来设置舞台的。

用户选择小红书作为自我呈现的舞台，这本身就是一种对

---

[1] 戈夫曼. 日常生活中的自我呈现 [M]. 冯钢, 译. 北京：北京大学出版社, 2008：19.

舞台的设置。相较于微博、微信等社交媒体，小红书在满足了用户日常新闻娱乐、日常社交基础之上增添了精致感。从小红书标语的变化也能够看出小红书的属性变化。小红书的标语从成立之初的"找到国外的好东西"，到2016年的"找到全世界的好东西"，再到2019年的"一切小美好都值得被标记"，到现在的"标记你的生活"，可以看出小红书的初衷是从提供娱乐场所演变为追求精致美好的生活。

基于此，小红书用户也都是为追求精致生活而来——不仅是表演者在追求精致生活，观众也是如此。这一使用目的将小红书用户与其他社交软件的用户区分开来，小红书用户在小红书中进行表演时要符合这种情境下的要求，遵守这种舞台设置的规定。

2.1.2 建立符合观众期待的角色

伴随着物质、信息和能量流通速率的增长，导致个体生活节奏加速，媒介化生存方式意味着用户的注意力资源成为商业化竞争关注的首要资源，围绕着用户注意力资源，社交媒体平台上的博主通过各类表演策略来吸引、积累和分析公众注意力资源。为满足市场观众的个性需求，文本内容生产者需要在被所有观众都能接受的角色和自我欣赏的特定角色之间作出选择。为了满足观众的期待，获得自我认同，很多演员选择在符合大多数观众喜好的范围内建立角色。在点对面的结构模式下，社交媒体平台上的文本生产者难以满足消费者多样需求，因而需要寻找观众多样化需求的共通点，也就是"对高品质生活的普遍追求"。

小红书这种兼具审美和创新的图文呈现方式，有利于展现多层次、多角度的个体角色。用户不仅可以呈现更加理想的自我形象，而且可以在创作过程中不断探索新的可能性，产出更加优质的内容，同时也会在粉丝的期待下建立更受欢迎的角色，从而进一步丰富平台特色，促进平台创新。

戈夫曼强调，无论是舞台设置还是"举止"和"外表"所构成的个人前台，都与表演者的身份具有一定的悬挂关系。随着小红书平台的自我变革，其内容呈现出更加多元化的趋势，用户在时尚、美妆、情感、教育等领域建立角色要依托于不同的符号装备（通常表现为声音或图像），能够引发受众对特定对象的联想，即借用符号的能指表现符号的所指，以实现角色建立目的。

2.2 角色的维持

2.2.1 付出情感劳动以打造坚定的个人 IP

舞台上呈现的角色大多是脆弱的，很容易被打破，因此需要对塑造的角色进行维持。在这个过程之中，保持角色前后的一致性就尤为重要，也就是互联网中所谓的"不翻车"。好的表演可以获得观众的赞赏，但是对角色的维持则是一个长期的过程，它的实现需要获得观众的长期认可和追随，因此演员的情感投入就显得尤为重要。

在社交媒体时代，虚拟交往远胜于现实交往，情感已经作为宝贵的商业资源游弋于小红书的演员和观众之间。演员的情感投入可以在很大程度上给观众带来情感共鸣和心理认同，而观众的情感回馈体现在演员身上则是流量与资本。

例如，某名人在小红书直播带货的首秀观看者超过48万人，销售额超过736万元。但是，当时其在小红书上的粉丝只有20万人，她曾向媒体透露她选品的策略有以下三点：一是颜值高；二是性价比不能低；三是一定要售卖自己用过的品牌。她在直播中常常花不少时间与观众交流职业等话题，在直播之外，同时还扮演着观众生活导师的角色。

该名人在小红书上分享的笔记内容包括社交技巧分享、好物测评等长期有效服务以及美食教学等，内涵丰富、格调鲜明，这很符合网络用户心目中她的角色形象，她也以其想法与个性赢得了粉丝们的青睐。杨天真带给其受众被关注、被关怀与开导所产生的情感反应，是她进行情感劳动的结果，而且这种情感劳动也成就了她的个人IP。

2.2.2 维持精致的仪式感吸引观众

在自媒体时代，越来越多的人开始涉足自媒体行业，小红书的用户猛增。用户想要保持其所塑造出的角色，引起受众关注，引来粉丝们的追捧，要么为营造仪式感提供教程；要么就当作生动的范本，让粉丝们看到仪式感十足的人生是怎样的。

值得一提的是，小红书虽然十分讲究仪式感，但营造仪式感的人群中受欢迎的一般都是非专业人士。尽管粉丝们喜欢穿搭、美妆和健身，但是，那些服装设计师、皮肤科医生、健身教练等专家的优势并不突出，受众更偏向于日常生活中的普通人所分享的穿搭、护肤、健身等内容。小红书博主是普通人进行相关的分享，从而达到专业化的目的，反而更容易得到粉丝的认可。例如，博主"比熊小可爱"的定位是"大学生群体的坦白局养成系的图片博客",截至 2024 年 4 月 15 日,该博主已收获 10 余万粉丝,笔记点赞量高达 31.7 万;博主"自律的荷包蛋"通过分享每日减脂饮食 7 个月,涨粉 7 万;博主"奔奔"的定位是"20~25 岁独居生活的年轻女性做一人食主题的暖色调图片博客"。

图文博主从动态场景中选取创作内容,将最精彩的部分通过特写镜头呈现出来,以便既显其内容的关键要素,又利用文字矫正受众可能产生的理解偏差,从而实现更加精准的内容和信息传达。这种图片创作过程被视为一种自我编码、自我演绎的过程,充分展现了博主的创作主体性,便于维持精致的仪式感并向受众传达相应信息,完成形象构建。

3 小红书图文博主的自我呈现的困境

3.1 过度表演使得人物失真

随着互联网技术的发展和社交媒体的进步,小红书整合社交和电商的特点也越来越突出。越来越多的人为了提高生活品质、增添生活趣味而使用小红书。与此同时,小红书用户的自我呈现也存在自身的困境,小红书上的图文博主作为"表演者",他们出于对物质的追求和对身份的认同,会在某些情况下进行失当的表演,从而导致人物失真。

小红书图文博主通过美化图片等手段掌控前台,重新构建与诠释自我形象,然后达到其表演目的。真实的图片通过技术手段加工变得符号化,得到一种全新的美学语境并收获了观众们的称赞与掌声。图文博主也因此在虚拟视觉符号的帮助下，完成了对于自我"主体性"的辨认和肯定，由此错误地认为通过滤镜、美颜等方式加工而生的前台形象才是真正的自己。而且在原相机或他人镜头下对着自己，已不能直视了，感觉这样很难看，这种醉心于前台，忽略后台本真自我的行为，是一种自我身份误同现象。

精修图片破坏客观实物的本真感，视像符号处理技术已经影响到人类主体对客观现实本身的认知，原本平凡的实物，经过媒介技术渲染，使得受众对图文博客中的美食、装潢、风景产生心理期待，然而当受众为博主帖子驱动亲临现场时，渲染后的图片与客观现实之间的差异会导致其产生很大的心理落差。

3.2 过度暴露在舞台之上导致隐私泄露

在第52次《中国互联网络发展状况统计报告》中，从各类网络安全问题的情况来看，遭遇个人信息泄露的网民比例最高，为23.2%。媒介技术的提升让后台悄悄前移，以前看不到的后台区域现在可以透过互联网显露出来，但是，这样会导致个人隐私受到不同程度的侵扰。

在当今的社会媒体时代，人们既可以掌控前台，也可以操纵后台。适当地暴露后台可以起到加强前台角色的效果，关键在于表演者能否掌握好曝光度。若曝光度控制得恰当，自然可以增加角色在受众心中的可信度；可是，若暴露过度或者在不经意间暴露出对于强化角色毫无用处的元素，就会导致隐私泄露等风险。例如，分享照片时所标注的地理位置也许会不经意间就暴露了用户的居住环境、经济能力及感情状况等方面的信息。

小红书平台以内容标签匹配作为内容推荐的主要机制，用户在小红书平台上发布内容后，将由平台将这些内容贴上标签，向可能对其感兴趣的用户推荐。平台将依据笔记互动量对笔记进行评分，确定是否继续向其他用户推荐，点赞量、收藏量、评论量与关注量在评分体系中均属于权衡因素。笔记抽取的关键词、地理位置等信息则是标签的重点关键词。比如，用户平时喜欢看美妆类笔记，平台将为其推荐更多美妆笔记。小红书主页的"发现"栏目将不断更新符合用户偏好与习惯的信息，而这几项内容的过滤是建立在用户主页设置与查看喜好数据整理与分析基础之上，从而达到"千人千面"、私人化定制的目的。但是用户偏好、地理位置和其他私人信息同样会受到第三方的关注。社交网络上所有的用户行为都有数字痕迹，无意中留下的资料会被人反复推敲、分析与使用，用户在不知情的情况下就将个人信息随意地泄露了出去。也许零散的数据和每个用户少量的社交信息显得无关紧要，但随着时间的积累，这些数据串联起来，就形成了用户和亲朋好友复杂的档案馆。

　　为了减少隐私泄露，小红书图文博主在生产内容时要注意保护个人关键信息，同时也要尊重他人的创作，坚持原创，严禁搬运其他博主的内容。小红书平台要建立更为严格的用户惩罚机制，完善投诉、举报等相应机制。对于发布低俗、恶劣内容的账号用户进行相应的警告，或者进行账号的封号和取缔。

4　结　语

　　在当今社交媒体高度发达的背景下，用户的自我表现意愿逐渐增强，自我呈现越来越多。从拟剧理论的角度，本文探讨了小红书图文博主的自我呈现机制，运用深度访谈的方法进行了研究。研究结果表明，与传统的前台和后台相比，小红书的舞台结构已经发展成为真实后台、虚拟后台与虚拟前台之间的关系，虚拟后台与虚拟前台一起组成小红书演员的演出前台。

　　用户选择与小红书平台一致的主题或商品来设置人物角色。对虚拟前台和虚拟后台进行管控，用户近乎苛刻地美化了虚拟前台，并掩盖了真实后台的流程与目标，主动显示虚拟后台，加强虚拟前台建设，并且保护真实的后台，才能长久保持角色形象，他们把感情当作"润滑剂"，并且不断增强情感劳动的力度，给受众带来轻松感、满足感、幸福感这些看不见、摸不着的产物。

　　目前，我国经济发展已从高速度向高质量转变，人们寻求高质量、高品质生活，小红书作为一种人们寻求并表现优质生活的介质手段，就是一个社区和电商混合共同体，因而小红书用户的自我呈现行为与商品和消费始终勾连在一起。对小红书用户自我呈现行为的研究，一方面，能帮助用户在使用小红书时减少因迷恋符号消费而不能自拔，从而出现失去思考力随波逐流的情况发生，提倡人们能够合理利用社交媒体以及新兴媒介工具。另一方面，有利于给小红书平台带来新的思考，在不断地给用户带来消费上的便利、社交上的高效、增强用户幸福感的同时，逐步去除平台氛围渲染下的物质主义和攀比心理，并借此对平台环境进行净化。另外，希望政府颁布相关政策，媒介工作者要不断提高工作素质，媒介开发者要逐渐优化平台功能，大家通力合作，使媒介工具为人类服务、为人类谋福利。

媒介可供性视域下青年短视频创作情感诉求研究
——以抖音 APP 为例

徐纪雪

1 研究背景

当今我们正从 Web 2.0 个人门户时代向 Web 3.0 去中心化的用户共建互联网络图景迈进，短视频愈发成为大众传播信息、分享生活的重要载体。2022 年 7 月，北京贵士信息科技有限公司发布了《2022 中国移动互联网半年大报告》，报告显示，截至 2022 年 6 月底，抖音月活跃用户数规模已突破 6.8 亿。常见的短视频 APP 有抖音、快手、西瓜视频等，短视频基于媒介可供性视角的理论基础之上，在传播过程中存在着广泛的互动形式，抖音日活跃用户数量在众多短视频平台中成为头部平台之一，日益受到广大用户的青睐，成为当前国内炙手可热的短视频 APP。抖音打破了传播过程中的技术和文化区隔，以直观、易懂、低门槛、短小精悍的视听传播特点赢得了众多用户的追捧。

2 研究意义

2.1 理论意义

目前关于"抖音短视频创作"的研究主要围绕"使用与满足"理论或者是动机研究展开，忽视了基于技术视角下的"可供性"为抖音用户创作带来的情感和社交联结。2017年，复旦大学新闻学院教授潘忠党首次将"可供性"引入中国传播学界，这就为本文探讨青年群体抖音短视频创作基于媒介可供性留下了空间。

2.2 现实意义

青年创作者群体在抖音APP占据着相当大的比例，他们采用媒介技术的行为表现，创作动机、心理诉求以及基于媒介可供性视角对社交关系的诉求值得我们关注，青年群体创作者在抖音APP占据相当大的比例，他们采用媒介技术的行为表现、创作动机、心理诉求以及基于媒介可供性视角对社交关系的诉求值得我们关注。同时也为抖音作为当前主流短视频平台对青年用户诉求研究提供相应契机，借助媒介可供性帮助用户借助平台和技术进行个性化表达，进一步分析短视频平台与用户之间的关系；也为用户如何运用短视频平台利用率达到最大化，并重新分析短视频平台与用户在抖音间的情景关系，并如何不被平台和算法裹挟提供一些批判视角。

3 文献综述

3.1 关于"可供性"的研究

"可供性"（affordance）的概念最初由美国生态心理学家吉布森提出，即环境的某些属性能够影响主体的行为，因此人们可以通过直接感知环境而产生相应的行为。此后，不同领域的学者将"可供性"的概念广泛运用到各自的领域，促进相关理论和技术的创新发展。例如，国外诸多学者将"可供性理论"运用到工业设计、信息科学、新闻传播等领域，这些学者大多探讨该领域相关的客体与用户主体之间的影响关系，研究客体促使用户行为实现的可能性。也有学者将可供性理论与不同的研究对象结合，提出更具有针对性的可供性概念。例如，有学者将技术客体能够促使主体某些行为实现的可能性称为"技术可供性"，将关系能够促使主体某些行为实现的可能性称为"关系可供性"，将媒介能够促使主体某些行为实现的可能性称为"媒介可供性"。

2017年，潘忠党首次将"可供性"引入中国传播学界。他认为，"媒介可供性"包括生产可供性、社交可供性和移动可供性三个要素。"可供性概念"的提出是基于"动物和环境"的相互关系，可供性不是单单的技术赋权，而是可以为平台注入用户视角，从而开启了我国学者对可供性涉入不同领域开展研究的热潮。

通过综述既往研究，有学者认为，只有满足三个条件才能称为"可供性"：一是确认所提出对象的可供性不是物体本身及其特点；二是确认所提出的可供性不是使用物体的结果本身；三是可供性存在可变性。❶ 另有学者基于"可供性理论"考察移动终端等新媒介工具在不同人群中被接受和使用的过程。基于"可供性理论"的英文传播学研究已经完成了从技术哲学转化为理论工具的初步适应，并将理论框架运用于解释不同情境的实证数据，从而为该理论在中国丰富的新媒介实践中的应用奠定了理论基础。在中文传播学领域，潘忠党在探讨"何为新媒体？"这一问题时提出了媒介可供性，并将其具体化为三个维度，即生产可供性、社交可供性和移动可供性。❷ 生产可供性包括可编辑、可复制、可伸缩和可关联；社交可供性包括可致意、可传情和可连接；移动可供性包括可携带、可获取等❸。抖音作为用户常用的短视频 APP 之一，具备社交链接、生产图文和数字移动分享等功能，青年用户借助上述三大主要功能为抖音创作者情感诉求研究提供理论基础，也有助于丰富媒介可供性应用不同场景和平台的适用性。

---

❶ NEFF G, NAGY P. Automation, Algorithms, and Politics Talking to Bots: Symbiotic Agency and the Case of Tay [J]. International Journal of Communication, 2016 (10): 17.

❷ CHAN M. Mobile Phones and the Good Life: Examining the Relationships Among Mobile Use, Social Capital and Subjective Well-being [J]. New Media & Society, 2015, 17 (1): 96-113.

❸ 孔正毅，程粮君. 留痕的表达：数字漫画的阅读痕迹生产 [J]. 编辑之友，2022 (3): 35-39, 47.

3.2 关于抖音短视频的研究

抖音自 2016 年 9 月上线，是北京抖音信息服务有限公司旗下一款专注于年轻人的音乐创意短视频平台，其高效的推荐算法和信息匹配实现用户的高速增长模式使其进一步实现商业化，成为用户常用短视频 APP 之一。2018 年 1 月，抖音的日活跃用户数量达到 3000 万；2019 年 1 月，抖音的日活跃用户数量为 2.5 亿；2020 年年初，抖音的日活跃用户数量为 3 亿；截至 2022 年 3 月，抖音、抖音极速版和抖音火山版已超过 6.6 亿用户，日均播放视频数量超百亿、年播放视频数量过万亿次。❶ "刷抖音"已经成为国人日常生活的一部分。

据学者研究观察，抖音自上线初期，就沿用了传统的"中心化"的传播方式。抖音早期的研究是采用"中心化运营模式"，先捧红一部分用户而后带动普通用户，再通过邀请自带 IP 流量的明星入住，吸引了一大批用户，后期抖音与今日头条、西瓜视频互通，推出剪映 APP，优化用户体验，用户从短视频消费者变成短视频创作者，越来越多的短视频创作者在各个领域不断推出优质内容，逐步实现用户下沉。在发展过程中，抖音逐步探索出多种商业模式，如直播带货、跨界合作、抖音学院等，抖音短视频内容丰富，涵盖美妆、美食、体育、女性成长、"云"养娃、科普等多个方面。同时，随着抖音平台媒介技术的发展，还为用户营造了新的社交场景。基于媒介可供性视

---

❶ NEFF G, NAGY P. Automation, Algorithms, and Politics Talking to Bots: Symbiotic Agency and the Case of Tay [J]. International Journal of Communication, 2016 (10): 17.

阈观察，抖音的出现不仅为用户提供了自我表达的空间，而且用户还可以通过发布作品依托平台联结网络用户并通过"点赞""评论"等行为产生情感联结和自我认同感，也促使抖音用户创作优质内容形成良性生态，使用户间发展为更具信任的亲密关系。因此，本文基于可供性理论，以青年抖音用户为研究对象去观察其情感诉求展开研究。

3.3 关于抖音青年群体的短视频创作的研究

关于抖音青年群体的短视频创作的研究，是以研究大学生群体为主，青年群体的年龄大多集中在 18~28 岁，抖音平台满足了用户自我表达需求和社交互动等附加功能，UGC 模式下爆款青年抖音号只是少数，抖音上更多普通的是抖音内容创作者，他们在媒介技术采纳使用中的行为表现、心理状态以及对媒介的认识值得关注。

3.4 结　论

综上所述，国内关于媒介可供性视域与青年短视频创作结合起来的研究具有较大的探索空间，学界对于短视频的研究已经趋于成熟，并且关于用户与平台关系、使用行为和使用动机研究都较为丰富。值得注意的是，学者们对于短视频平台上的用户行为都有所关注，但大多数是从使用与"满足理论"视角出发，最新关于媒介可供性研究大部分是与短视频电商、粉丝社群、其他类 APP 进行结合。本文将从抖音这一平台出发，基于社交可供性、移动可供性以及生产可供性探索抖音平台技术与创作者之间的关系，思考青年用户与媒介技术的互动关系，具有一定的创新性。以未婚或单身青年为重点关注对象更为典型，发现其在进行短视频创作时更想获得情感上的满足和社交关系的丰富，但同时技术可供性带来的信息和社交多维度所产生的社交压力放大对用户个体的凝视，从而引发新的焦虑，是本文研究的重点。

4 研究方法

4.1 研究方法

4.1.1 参与式观察

参与式观察是指研究者隐姓埋名进入实际研究情境中，并不暴露自己的研究目的。2022年2月至11月，本文的笔者通过抖音短视频创作，累计发布52条作品，以用户角度为出发点，通过平台的点赞、互动、转发、评论、私信等功能进行交流，在此过程中探寻网络中的自我价值以及情感诉求，并加入大学生创作者抖音粉丝群，关注群内动态，积极参与话题讨论，从而获取研究素材。

4.1.2 问卷调查法

通过青年抖音用户短视频创作情况调查问卷，对青年群体短视频创作的基本情况进行量化分析，如使用动机、发布抖音创作作品类型、发布内容更新评论等信息，为本文研究提供数据支撑。

5 研究设计

5.1 问卷概况

本研究设计了《青年抖音用户短视频创作情况调查问卷》，其调查内容包括：人口统计学信息；抖音短视频创作动机；在抖音短视频平台创作基本情况；对抖音短视频使用态度。

在调研阶段，通过朋友圈、抖音等社交媒体平台向在抖音发布过作品的青年进行定向问卷发放，尽可能涉及不同的职业、性别、所在地等，确保数据尽可能客观。最终收回有效问卷115份。

问卷数据显示，在年龄分布中，18~24岁占比最大，占总体样本的54.7%；单身和未婚分别占比为48.72%和22.22%。在问卷设置中，重点关注的是第五题"您的情感状况是？"以及第八题"是什么原因让您使用抖音APP发布视频作品？"本文对这两个问题进行了交叉分析。第八题答案比较集中的是"分享生活"和"想要在平台上认识更多的人"，占比分别达到66.67%和26.5%。

可供性概念的提出是基于"动物和环境"的相互关系，可供性不是单单的技术赋权，而是可以注入平台与用户视角，开启我国学者对其研究涉入不同领域研究的热潮。[1] 抖音在推广初

---

[1] NEFF G, NAGY P. Automation, Algorithms, and Politics Talking to Bots: Symbiotic Agency and the Case of Tay [J]. International Journal of Communication, 2016 (10): 17.

期就吸引了众多年轻人的关注，鼓励短视频创作者进行创作。现如今，不同地域、不同年龄阶段的人都可以借助抖音这一平台进行情感互动和自我价值的再造与实现，而关于"青年短视频创作"直接指涉"媒介可供性"概念尚未被完整提及，基于此，本文将以"媒介可供性"为理论路径的青年短视频创作基于社交关系的研究旨在以一种"技术-情感共生论"视角进行分析。

6 短视频创作者媒介可供性分析

6.1 生产可供性：个性化的内容生产情境

生产可供性具有编辑、审阅、可复制、伸缩性和可关联性的特点，这些特征一方面可以解释媒体组织在调动资源时的灵活性，另一方面也能证明用户在生产内容时的能动性。❶ 例如，经此次调查研究发现，在抖音中，分别有 66.7% 和 41.9% 的用户使用剪映和抖音平台编辑视频，抖音"一键生成模板""跟拍模仿"等功能也大大便捷了青年抖音创作者进行视频生产。平台赋予用户创作的机会促进了短视频创作者主动表达观点、自由抒发看法，从而借助算法和平台分发规则，发现与其具有关联的、具有相同趣缘爱好的社群，短视频创作者就可以在特定

---

❶ NEFF G, NAGY P. Automation, Algorithms, and Politics Talking to Bots: Symbiotic Agency and the Case of Tay [J]. International Journal of Communication, 2016 (10): 17.

的趣缘群体内进行情感联结,抖音短视频内容创作者们又会进一步增强彼此的认同感和亲近感,通过点赞、评论、转发等方式就可能将特定的趣缘爱好转换成某种共通意义空间,在这种共通意义空间的激发下,最终促使小众趣缘群体的集群化,进而建构起一个又一个独立的情感共同体。❶ 德·韦里拉认为,在群体传播场景下,个体情绪可持续复制、感染和传递给他人,进而成为弥散在某一特定情境、空间或场域中的群体状态,并将这种群体状态定义为"情感氛围"。❷ 进而影响用户对媒介的感知、创造了怎样的媒介文化生态。❸

6.2 社交可供性:弱关系致意情感表达

社交可供性主要强调媒介技术与平台在调动用户情感表达和反应、建构用户社群与交往关系网络的能力,包括可致意、可传情、可协调、可连接四个方面。❹ 借助抖音这一平台进行短视频创作,青年群体不仅可以获得制作短视频的权利,而且还可以借助平台算法和流量扶持进行针对性的投放,将作品投放给与自己相匹配的社群。这样做不仅可以大大提高互动性,而且也拓展了自己作为用户在线上的社交圈,通过抖音中的"互关""私信""点赞""评论"等功能,实现线上的亲密互动。

---

❶ 黄淼,黄佩. 媒介可供性视角下短视频电商的实践特征[J]. 编辑之友,2021(9):47-53.

❷ 吴志远. 从"趣缘迷群"到"爱豆政治":青少年网络民族主义的行动逻辑[J]. 当代青年研究,2019(2):19-25.

❸ 曾丽红. 可供性视角下文博类电视节目的情感溢出功能[J]. 中国电视,2021(11):53-57.

❹ 黄淼,黄佩. 媒介可供性视角下短视频电商的实践特征[J]. 编辑之友,2021(9):47-53.

如果用户间线上互动频次高且为异性的话，那么是极有可能发展为线下好友关系的，即由"弱关系"转变成"强关系"的可能性不断加大，经由本次调查问卷发现更加佐证了这一观点。使用抖音发布视频作品的原因除了记录、分享生活之外，还有26.5%的创作者想在该平台认识新的人。这是由于线下社交圈层是趋于固定的，而在抖音社交开源系统中，通过投放短视频，可以大大增加自己的受关注度，在趣缘群体间，网络用户个体间获得社群联结，线上互动能够促使他们获得优于线下的自我情感满足。

由此可见，社交可供性表现为用户可以在抖音 APP 进行情感表达，进而与自己的目标社群进行互动、社交，建构基于情感、趣缘关系网络的新型网络社群。

6.3 移动可供性：虚实空间结合加速液态监视

移动可供性是通过可携带、可获取、可定位等功能，将媒介技术、使用者与二者根植的时空建立相应的联系。例如，抖音自带的 IP 定位功能，无论创作者在什么地方，都可以自动在主页生成位置，从移动可供性角度对位置媒介进行探究，能够增加对空间、地理、位置等概念的理解层次和深度。但是，与备受关注的空间视角相比，位置类媒介与实践的关系却常常被忽略。在时间的及时性与延续性方面，位置媒介从获取信息、定位位置状态、与用户之间的互动关系等角度实现了即时交流的时空融合，而且通过虚拟再现的方式记录人们在不同空间类型下的运动轨迹，同时赋予人们标记位置信息、评论乃至构建空间符号的权力。

移动可供性是抖音实现线下空间位置与线上运动轨迹的移动化的统一，当"移动"的状态在互联网留下痕迹时，那么在空间可以记录时间的"数字运动轨迹"的存在就使得运动的媒介转化为一种移动媒介。随着媒介技术的参与，可以视频形式记录视频创作者个体的情感状态、外貌特征以及变化。在这个过程中，点赞和评论数据加剧了网络对个体的评价，因而受众对创作者的评价会加速创作者对身材、外貌甚至观点的"统一标准"，即如果创作者发布的言论或个人形象没有在受众的既定审美框架内，将会受到排斥，促使视频创作者产生一系列的焦虑。在此次问卷调查中发现，部分短视频创作者会因为发布作品受到关注而放大焦虑感。

6.4 感知可供性：算力加速情感异化的媒介生态

感知可供性是指场景中影响用户感官连接的要素促使用户行为发生改变的可能性。在场景化的内容创作中，视频内容依靠场景实现视觉、听觉、触觉、嗅觉、味觉不同程度的联结，用户感知信息后在心理上产生进一步认知，从而影响情绪和行为。场景化视频创作使创作者在生产作品的同时，既能实现感官的愉悦和情感的满足，又能帮助创作者记录此时的真情实情并进行使用行为。因此，制作视频的良好体验能够增强视频传播的效果。

换言之，传播可供性改变了以往受众在特定的时空使用媒介进行信息的传播互动，呈现出一种"人机共生"的媒介使用状态，进而生成新型社交图景。从传播实践表象分析，用户是海量数据生产主体，用户信息生产与传播在算法系统内只是数据的合成，更有利于算法的生成与分发，即一个去身份化的身份存在。本质上来说，受众之间一切基于情感共振而进行的连接和互动关系实际上都只是某种程度的数据流动。

在基于算法的数字通信时代，平台和算法的运作完全基于对用户真实行为的计算❶，体现出一种数理逻辑冲击人文精神的态势。❷ 实际上，对数据的重视是诸多国家的共同选择。但值得关注的是，数据本身并不存在消费和经济价值，而是需要进一步通过平台的生产、转化变为价值形式的商品即流量❸，即个人信息平台化、数据化的产生。因此，从政治经济学的"受众商品理论"❹来看，"永久在线、无限连接"的状态意味着平台数据生产的核心驱动力来自数字平台的商业最大化和资本积累的需求。❺ "唯数据论"的逻辑，是社交平台资本扩张需求的新表现，深深影响着平台上短视频创作者的创作倾向和创作动机。❻ 对青年短视频创作者而言，当可供变现的数据——点赞数、浏

---

❶ 陈家洋. 推荐算法与流媒体影视的算法文化 [J]. 电影艺术, 2021 (3): 153-160.

❷ 斯尔尼塞克. 平台资本主义 [M]. 程水英, 译. 广州: 广东人民出版社, 2018: 113-115.

❸ 蓝江. 数据—流量、平台与数字生态——当代平台资本主义的政治经济学批判 [J]. 国外理论动态, 2022 (1): 106-115.

❹ NEFF G, NAGY P. Automation, Algorithms, and Politics Talking to Bots: Symbiotic Agency and the Case of Tay [J]. International Journal of Communication, 2016 (10): 17.

❺ 李婧, 陈龙. 算法传播中的文化区隔与分层 [J]. 苏州大学学报（哲学社会科学版）, 2021 (2): 176-184.

❻ 方师师. 算法：智能传播的技术文化演进与思想范式转型 [J]. 新闻与写作, 2021 (9): 12-20.

览量、评论作为最值得关注的价值尺度,用户之间的情感联系所蕴含的价值被转化为数据,用户的感性生活体验被抽象为一系列的代码和符号,用户作为消费者和数据生产者的情感需求被异化成一系列的符号,而抖音短视频创作者的创意内容在被集体认同、吸纳和改编的同时,也加速了情感的异化。在这种视角下,用户基于情感交往进行的互动都成为一种资本变现的手段,依靠数据来进行支撑,因此也容易陷入为数据增值的焦虑之中。❶

7 结 语

本文基于可供性理论进行了青年抖音短视频创作者社交关系诉求研究,并得出以下四点结论。

一是青年短视频创作者在抖音发布作品是基于社交关系诉求,即寻求与网络群体间的互动。抖音作为短视频创作者展示形象、发表观点的主流平台之一,借助于平台算法帮助用户及时联结网络平台中的"趣缘群体"。抖音用户通过平台互动进一步产生情感链接,逐渐形成一种新型社交图景。

二是平台算力会逐步限制用户获取信息的广度。数字时代,平台和算法的运作针对海量用户画像生成的平台生态,一方面,用户可以借助算法推荐技术及时联结个体感兴趣的群体和视频内容;另一方面,通过不断地驯化算法,用户极易生活在自己

---

❶ 童祁. 饭圈女孩的流量战争:数据劳动、情感消费与新自由主义[J]. 广州大学学报(社会科学版),2020(5):72-79.

所"喂养"的信息茧房中。

三是在趣缘群体间,用户个体间获得社群联结,线上互动能够促使他们获得不同于线下的自我情感满足和群体认同感。抖音用户借助于平台的评论、点赞等功能扩大作为网络用户的弱关系连接,在这种背景下,用户更容易建立新型社交关系,选择和自己兴趣爱好、"三观"一致的用户进一步增强自我认同感。

四是媒介可供性视角下,媒介化生存的人类通过媒介使生产过程中的真实生活和线上生活之间的区隔逐渐模糊或统一,在抖音平台短视频创作者的创作内容被集体认同、吸纳和改编,同时也加速了情感的异化。

拍同款：
抖音用户对于短视频的模仿与创新研究

杨金洁

在数字技术诞生前，人类便尝试搭建平台化信息采集、生产与分发媒体，承担着维系公共信息通信职能。20世纪60年代末，互联网的诞生推动人类社会形态的变革，经过发展，计算机终端趋向于轻便化、移动化，移动网络通信终端也实现了全球覆盖，大众文化场域的视觉中心主义趋势不断增强，短视频文本成为大众获取日常信息的重要渠道。

现阶段，中国互联网场域内用户群体使用范围最广、活跃度最高的短视频平台，无疑是抖音APP。抖音APP作为典型的UCG平台，其平台注册者兼具内容生产者、视频消费者和评论互动者等多重身份，其"拍同款"功能的设置，也激励用户积极参与同主题内容的拍摄、分享与扩散，推动用户进行媒介化自我呈现。

随着用户数量扩张、传播影响力增长，抖音短视频的同质化生产现象进入研究者视野。现阶段，相关研究主要集中于短视频平台媒体模仿者的心理动因、行为动机、类型划分和受众心理等领域。任蒙蒙认为，模仿是用户进行个性表达的方式，抖音用户的模仿与创新是一种有机的融合。❶ 韩铭、苏士梅认为，网络模仿是人与媒介合作的行为实践。❷ 孙蒙认为，用户可能出于获取他人认同与自我认同、增强个人对集体的归属感的原因参与抖音视频的模仿。❸ 然而，模仿是一种社会互动性行为，我们有必要知道用户大量模仿行为背后的原因是什么，模仿行为会给他们带来什么影响，以及模仿行为较少用户的使用心理，以便于更加深入地探析抖音用户模仿与创新的行为研究。

本文主要通过"深度访谈法"获取研究素材，同时以"线上参与式观察法"为辅助，两者结合，使得研究所需素材更加丰富、多元。此外，本研究将会依照"目的性抽样原则"，以"滚雪球抽样"为辅助方法获取研究样本。2022年12月1日至2023年1月1日，共接触和研究了15名访谈对象，其中，有9名访谈对象经常在抖音上发布模仿或由模仿引发的带有创新性的视频，另外6名则反之。访谈对象年龄在18~60岁，具体基本信息，如表1所示。

---

❶ 任蒙蒙. 模仿与创新：抖音用户的去个性化表达［J］. 青年记者，2018（26）：109-110.

❷ 韩铭，苏士梅. 定义可见与重塑交流：作为媒介实践的抖音模仿行为研究［J］. 中国传媒科技，2022（8）：11-15.

❸ 孙蒙. 抖音用户对热点短视频模仿拍摄的动机探析［J］. 声屏世界，2021（23）：103-104.

表 1　访谈对象基本信息

编号	性别	年龄/岁	职业	使用抖音时间/月	发布视频总量/个	模仿类视频数量/个	模仿类型
1	女	22	大学生	28	44	16	搞笑、特效
2	女	19	大学生	24	78	55	舞蹈、特效
3	女	43	临时工	20	240	153	唱歌对口型、特效
4	女	22	手机店营业员	39	35	19	韩舞、热点舞蹈
5	女	20	大学生	48	15	7	热点手势舞
6	女	23	研究生	42	92	38	韩舞、特效、手势舞
7	男	18	高中生	61	210	131	颜值、手势舞
8	女	22	奶茶店店员	44	34	15	热点手势舞
9	男	59	农民	44	113	62	特效、抖音互动小游戏
10	女	21	大学生	42	32	3	搞笑
11	女	23	研究生	47	10	1	无
12	女	23	编辑	11	0	0	无
13	女	22	研究生	13	0	0	无
14	男	21	大学生	69	19	2	卡点
15	女	49	家庭个体户	24	0	0	无

1 抖音用户模仿短视频现象概述

1.1 兴起及演进过程

互联网技术和移动技术的变革,为短视频的崛起提供了坚实的技术支持。抖音作为短视频赛道上日活跃用户数量最多的平台,其中的"拍同款"功能自推出以来,用户的模仿现象便开始加剧,这种现象也反映了抖音强大的用户吸引力和社群效应。在抖音的早期发展阶段,它紧密跟踪热点话题,并发起"话题挑战",用户只需进入话题主页,点击"立即参与"按钮,即可开始拍摄,用户按照原创动作完成相应模仿行为,并获得广泛曝光和认可。

随后,抖音设计了特效、道具等,用户可以一键拍同款,使用这些有趣的特效、道具,再通过一键发布完成模仿行为。这样又引发了一波角色扮演潮流。

随着抖音标语"记录美好生活"的发布,平台定位也随之发生了变化,背景音乐逐渐成为抖音的重要的特色,"拍同款"也显现出新变化。比如,用户可以收藏音乐,随后自己发挥主观能动性,设计视频内容,再进行发布,这也引发了抖音用户"拍同款"模仿行为的下一个爆点。当众多简易舞蹈短视频在抖音平台进入"热门榜单"后,它们便成为大量用户翻跳和改编的对象,进而引发了一股"抖音模仿"的潮流。

综上所述,抖音 APP 中的"拍同款"、互动小游戏、热门挑战榜等功能，对用户产生了强烈的吸引力，引导用户积极参与模仿并拍摄同款视频。这种模仿行为从早期的话题挑战，演进到后来的特效道具应用，再到近期的魔性舞蹈模仿，"拍同款"功能已经成为抖音短视频平台的核心特色之一，在用户的使用体验中占据了重要地位，对于提升抖音平台用户黏性及活跃度都发挥了不容忽视的作用。

1.2 引起用户模仿的短视频的特点

抖音 APP 最大的特色在于视频的时长较短，基本控制在 15 秒以内，创作者必须在短时间内抓住受众眼球。视频时长简短、可实践性强以及"拍同款"功能的简单易学，都直接促成了用户参与模仿行为的发生。其次，能否引发情绪共鸣是用户参与模仿行为的一个重要影响因素。受访对象 6 表示："我觉得搞笑的同时也要能引起我的共鸣，而且我比较喜欢的明星发的舞蹈短视频，会引发我的模仿欲。"此外，社交环境对用户模仿行为的影响也不容忽视。当用户的社交圈内模仿行为较为普遍时，抖音的整体用户参与度便会提升，进而引发更多用户的模仿欲望。热度高的模仿行为会带来更大的流量，从而带来更多点赞、评论和粉丝的关注。抖音短视频的时长、易模仿性以及社交环境等因素共同构成了用户参与模仿行为的重要驱动力，这些因素在提升用户的参与度和黏性的同时，也对抖音平台的传播和影响力产生了积极作用。

1.3 模仿视频的主要类型

随着数字媒体的迅猛发展，抖音 APP 已成为用户分享生活、娱乐和获取信息的重要平台。其独特的短视频形式不仅吸引了海量用户，而且还激发了用户之间广泛的模仿与创新行为。用户模仿视频的主要类型大致可以分为热门特效、动作挑战以及情节模仿三类。

首先是热门特效的使用。热门特效，作为抖音平台不断迭代创新的产物，往往能够迅速吸引用户的眼球，成为用户进行视频创作的热门元素。这些特效不仅技术先进、效果炫酷，而且还紧贴潮流趋势，能够完美融入各种视频内容中，增强视觉表现力和趣味性。

除了热门特效的应用，动作挑战与情节模仿也是用户的主要模仿行为。动作类的模仿主要涉及舞蹈、对口型等内容，在这种模仿行为中，用户通过重复热门舞蹈动作或跟随特定音乐节奏进行创作，形成了一种独特的"病毒式"传播效应。这类模仿视频不仅简单易学，而且具有强烈的视觉和听觉冲击力，能够迅速吸引大量用户参与和模仿。而情节类视频的模仿则相对复杂，它需要参与者模仿原视频中的特色情节，包括剧情设计、台词表达、表演技巧以及后期剪辑等多个方面。这类视频通常以幽默、搞笑的内容吸引用户，引发他们的点赞、评论和分享行为，促进用户之间的情感共鸣和社交互动。

2 抖音用户参与模仿行为的原因

2.1 使用与满足：寻求情感体验

模仿是一种即时的、超镜像的行为，用户在匿名保护下体验不同的角色，弥补用户在现实中的缺失。❶ 用户认为，抖音的"拍同款"让自己以前的简单想法变成了具体实践，完成了替代性补偿，从而得到精神的满足。访谈对象6表示："我就是很想做女团，但是没有机会，所以在这里暂时满足了自己的愿望，而且抖音出的'女团爱豆妆'或者'舞台妆'特效，我都会去使用。"

互联网技术以及这种技术所催生出的内容，很可能会直接影响我们回忆过去的方式。用户模仿过的视频被存储在互联网中，形成数字档案，部分用户也会在抖音上回忆过往，减少自己的孤独感，从而获得存在感和陪伴感的心理满足。同时，抖音用户也会通过模仿一些搞笑、热点或者自己感兴趣、产生共鸣的视频，期望得到其他用户的点赞、评论或收藏，从而拥有更多流量，收获较高的情绪价值，增加了用户一些心理上的满足感。用户参与模仿行为也作为负面情绪的"泄压阀"，让负面情绪在一定程度上得到释放。比如在分享日常方面，抖音的虚拟特效成为用户模仿的首选。这类特效只露出眼睛和嘴巴，匿名性较强，用户可以仅通过眼神和嘴型的变换表达自己的搞笑事件或尴尬经历，在一定程度上也提高了用户负面情绪自主表达的概率。此外，部分用户表示，当低流量博主知晓高流量博主得到的巨额播放量和点赞量时，对该高流量博主的拍摄风格和创作手法会产生模仿倾向，期待能通过模仿行为获得更多受众关注，从而提升自我认知效能和满足自我期待。

---

❶ 韩铭，苏士梅. 定义可见与重塑交流：作为媒介实践的抖音模仿行为研究 [J]. 中国传媒科技，2022（8）：11-15.

2.2 社交互动：塑造共通意义空间，寻求认同

社交需求是在人与人进行互动的基础上发展起来的一种重要的心理需求，个体希望归属于某个团体，或者个体想要寻求别人的认同，让个体更有安全感、归属感。抖音用户通过参与"拍同款"的行为实现了信息交流的新方式，构建了一个虚拟的互动群体，进而寻找群体间的认同感。

一方面，传播成立的重要前提之一，是传受双方必须有共通的意义空间。❶ 用户通过模仿行为塑造共通的意义空间，塑造新的交流方式。抖音用户在模仿行为发生前，可能受到身边亲朋好友发布模仿视频的影响，从而也进行"拍同款"的行为。当发布模仿视频后，发布者与亲朋好友可以互相点赞、评论及分享，也可以通过这种方式与在现实生活中互不认识的抖音用户建立固定的联系。抖音用户参与模仿行为，已经变成了用户之间一种新的联结方式和沟通桥梁。访谈对象 8 表示："模仿的人多了，它就形成了一种'梗'，聊起来大家都知道，我觉得这是一种增加我们年轻人的一种聊天话题吧。我们店里一位 2005 年出生的小姑娘，我说什么'梗'，她竟然都知道。"

另一方面，从众心理驱使用户发生模仿行为以寻求他人认同。法国社会心理学家塔尔德认为，社会上的一切事物，不是发明就是模仿，发明是极少的，大部分行为都是模仿，模仿是"最基本的社会现象"❷。在抖音，用户在浏览热度较高的热门作

---

❶ 郭庆光. 传播学教程 [M]. 2 版. 北京：中国人民大学出版社，2011：5-6.

❷ 郭庆光. 传播学教程 [M]. 2 版. 北京：中国人民大学出版社，2011：85-86.

品或自己具有情感共鸣的视频后，会通过模仿或"跟风"来满足自己的从众心理，寻求他人的认同感。访谈对象5表示："我'拍同款'的第二个原因也可能是从众心理，想着大家都拍了，我也要拍一个。"

2.3 自我表达：追求潮流与兴趣驱动下的模仿

流行是指在某一时期内被众多人追随或认同的固定观念、趣味、行为等。❶在抖音，这种追求潮流与流行现象表现得尤为突出——"一人创作，众人模仿"，使得大量用户的创意点趋于相似，进而形成广为传播的"抖音热梗"。这一现象恰好契合了大众追求潮流、跟风的心理需求。比如部分舞蹈博主会在视频文案中写道："我是不是全网'扒舞'（自学舞蹈）最快的？"部分颜值博主会在视频的文案中写道："希望赶上体育生变装的末班车"。访谈对象10表示："模仿行为的参与者通常是社交能力强且紧跟潮流的人。我们在模仿抖音平台上的热门短视频时，多限于线下场景，即仅在现实生活中引用这些抖音热梗，而不会特意拍摄并上传到平台。"

除了追求潮流，趣缘群体中的模仿行为也值得关注。趣缘群体是指人们因兴趣爱好相同而结成的社会群体，既是社会发展的产物，也反映了人们对精神生活的追求。抖音通过算法根据用户的兴趣偏好推送内容，这不仅提高了内容的曝光度，而且也增强了用户的存在感。这种算法机制有助于不同创作者生产的内容找到相应的受众，而且进一步激发他们视频创作的兴趣。在深度访谈中，多名参与模仿行为的用户表示，他们的模

---

❶ 周晓虹. 现代社会心理学 [M]. 江苏：江苏人民出版社，1991：442-443.

仿行为主要基于兴趣倾向。他们认为，自己的兴趣爱好通过模仿能够得到更广泛的传播，同时也有助于塑造个人形象或"人设"。

2.4 变现：模仿的最终目的

在对模仿行为较多的访谈对象进行深度访谈时发现，其参与"拍同款"的动机之一是追求网络流量，以达成"借势引流"的效果。这些访谈对象在浏览抖音时，一旦察觉到较为热门的背景音乐或热门话题，便会选择模仿其内容、风格及拍摄手法，以期满足自身变现的需求。换言之，他们通过模仿热门元素，试图吸引更多的关注和流量，从而实现个人收益。访谈对象15坦然表示："我想拍这些模仿类的视频，主要是为了挣钱。"

总之，部分抖音用户渴望通过模仿热门内容，利用抖音的流量机制，实现个人经济利益的最大化，这也是参与模仿行为背后的经济驱动因素。

3 模仿行为对用户产生的影响

3.1 打破认知偏差，明晰用户画像

抖音作为短视频赛道的头部平台，2023年，其每月活跃用户数量超7亿。❶ 如此庞大的用户群体在浏览视频内容的过程

---

❶ 数据来源：QuestMobile2023内容视频化与商业化洞察报告。

中,也在积极搜寻那些能够触动他们情感、与他们自身相契合的视频,进而进行模仿拍摄。这种模仿行为实质上是一种自我呈现的手段,通过模仿这些短视频,用户能够打破他人对自己的固有认知,进一步塑造并明晰个人画像。

访谈对象12表示:"虽然我不模仿,但如果身边朋友有模仿行为,我反而会觉得更有趣。因为正是他们拍的这些模仿的视频,使他们的形象更清晰了,让我加深了对我朋友的了解程度。"

抖音用户的模仿行为,反映了用户对短视频内容的情感共鸣与认同,也揭示了他们通过模仿行为进行自我呈现与自我塑造的动机与渴望。

3.2 强化社交互动,增进互动联系

在抖音,用户通过"拍同款"这一行为寻找互动的媒介,以此构建了一个虚拟的社交互动群体。一方面,用户渴望通过模仿行为尽快融入社群,与其他用户建立联系;另一方面,一旦用户融入社区,后续的模仿行为便促进了用户之间的交流与沟通,深化了社交互动。

访谈对象4表示:"我从发现一个我想模仿的视频开始,到我去学、配合音乐,去完成这件事情,这个过程里面给我的满足感以及最后我发布的这个视频收获到和朋友之间的那种互动,或者说就是朋友知道我在干什么,这样做可以拉近我们之间的距离。"

因此,抖音APP中的模仿行为不仅是一种简单的复制或跟风,它更是一种社交行为,是一种在用户之间建立联系、增进

了解的重要途径。这种社交互动不仅丰富了用户的线上体验，而且也对他们的线下社交关系产生了积极的影响。

4 模仿行为较少用户的使用心理

4.1 社交恐惧引发的表达意愿不足

部分用户认为，自己在人际交往中缺乏社交技能且伴有社交恐惧心理，他们在微信、微博、抖音等社交平台上的表现往往较为被动，安静是他们的常态。这种社交恐惧和缺乏社交技能的心理状态，导致这部分用户不会主动参与抖音热点视频的模仿行为。

访谈对象10提到："我感觉自己在互联网上还是有一些害羞的，所以可能不太会模仿视频然后再发布到自己的账号上。而且我的朋友们也很少有去模仿别人的。我们大部分人就是模仿抖音平台比较热门的'梗'，一般都是在线下，就只是在现实中把这个'梗'拿出来说，但不会去拍摄和发布在平台上。"

社交恐惧和缺乏社交技能对用户在社交平台上的行为模式产生了显著影响，限制了他们参与抖音热点视频模仿的意愿和行动。

4.2 自我呈现意愿和动机不足

在访谈过程中，部分访谈对象表示自己既不愿意在社交平台上进行自我呈现，也不愿意随波逐流"蹭流量"，他们在抖音的使用中更加注重私人化体验。访谈对象12提到:"即使遇到很喜欢的视频,我也不会去模仿;因为我很社恐,就是不太喜欢在熟人圈子里发布动态。"

用户自我呈现意愿较低的原因又可分为其娱乐性需求明显与自我效能差两个方面。

娱乐性需求指的是用户在模仿过程中所希望感受到的精神上的愉悦。娱乐性需求是一种内在动机,对用户的技术接受有着重要的影响,特别是对于娱乐软件或系统。对于多数用户来说,娱乐是他们使用媒介最直接的目的。抖音短视频的内容海量且丰富多元,用户可以通过较短的时间浏览丰富的内容,让用户产生一种沉浸感。但是部分用户觉得,在娱乐的同时加上模仿行为,可能会压缩原本娱乐消遣的时间,达不到自己使用抖音原本理想的效果,导致情绪低落,那也就失去了原本使用抖音的意义。访谈对象14表示:"我刷这种短视频纯粹是为了给我带来快乐、放松身心的。我并不想去模仿别人,发一些模仿视频。我觉得这种行为有点儿浪费我的时间,我不如用这点时间去多刷几个短视频,去放松自己的身心。"

自我效能差表现在访谈中,发现用户不参与模仿行为的原因是认为自己的信息存储量不足、影响力有限。部分用户认为,即使发布了模仿视频,对于其他受众和自己而言,意义都并不大。访谈对象13提到:"之所以不模仿,是觉得没有必要,我希望获取的信息需要有较多观看人数并参与评论才能获取。自己发布视频热度不够,对信息的获取没有什么效果,这也是我的一个担心。"因此,用户对于自身影响力和信息传播效果的认知与评估,以及他们对于参与网络行为的谨慎态度,都会在一定程度上减少用户模仿行为的发生。

4.3 他人凝视下的自我审视

美国社会心理学家乔治·赫伯特·米德认为,自我是"主我"和"客我"的统一,前者是个人的主体意识,后者是从周围观察到的他人对自己的态度、评价和角色期待。❶ 模仿行为较少的抖音用户可能由于自信心不足、对自己不满意等,在别人的凝视下,对于他人的负面审视持回避态度。访谈对象 15 表示:"我在抖音上没有发布模仿类的视频,其原因:一是不知道怎么发;二是发出来又怕别人笑话我,但是我实际是想发的。"

5 抖音用户模仿行为现存的问题

5.1 高度同质化,创新力匮乏

20 世纪 90 年代以来,互联网迅速发展,网络准入门槛的降低也让每个人都有在互联网发布内容的自由。在抖音,每位用户都可以选择一键"拍同款"进行拍摄和短视频发布。模仿是网络用户之间更加平等、自由的互动。但目前抖音上发布的大量作品只是简单地、一味地、不做任何改编地模仿,没有创新性,这也导致了用户在使用过程中厌烦心理的增加,在一定程度上还会导致平台用户的流失。

---

❶ 郭庆光. 传播学教程 [M]. 2 版. 北京:中国人民大学出版社,2011:44-45.

访谈对象 4 表示："模仿这种现象一旦普及，就会导致大家创作的东西都一模一样，越来越没有创新性，大家都已经懒得去创新了，就等着热点爆出来，然后都去跟拍。"访谈对象 10 表示："抖音现在同质化现象太严重了。比如大家都在用'西瓜条条'这个特效，一条一条视频看下来，就会产生疲惫感。"

5.2 模仿限度、边界的模糊性

"拍同款"作为抖音 APP 的一大特色，吸引了众多用户参与模仿行为。在模仿的用户中，有粉丝量比较多的博主，也有互动较少的普通用户，当粉丝量较多的博主参与模仿行为时，但由于其不明白模仿的界限在哪里，或者是故意抄袭，就会很容易引发一系列知识产权纠纷。

访谈对象 10 表示："目前抖音用户参与模仿行为最大的问题就是原创不明显，有很多原创音频被二创或者是三创以后，它就已经是改编过的，当大家去模仿的时候，就已经不知道这是原创的还是改编的，容易引起知识产权的归属问题。"

5.3 模仿内容的混杂性与负面价值导向的生成

抖音作为当前的短视频头部平台，每天都会有各种各样的用户上传自己模仿的作品，但有些过于夸张、博眼球、追逐流量、奇观的作品，内容质量良莠不齐，其传递的价值观有待考察。

访谈对象 13 表示："我觉得一些很无厘头的视频让人看得感觉莫名其妙，也不知道是什么原因就火了起来，然后大家仿佛找到了流量密码一样争相模仿，比如说亲子做高危险难度的动作，有些甚至引发悲剧的发生。有些短视频的模仿确实会带来一定思想和身体上的安全隐患。"

5.4 流行现象的短暂周期

热门榜单每时每刻都在更新，话题挑战也在一个接着一个地被推送到用户眼前，但事实上，这些特效、歌曲、舞蹈的流行周期都非常短，它们的"寿命"取决于个体被复制、传播的次数和范围，看该模因是否能真正被人记忆。❶

访谈对象 15 表示："假如你整天看的话，看得多了，就会觉得不稀罕了。它就只是火那一段时间，过了那一段时间，好像就没有人模仿了。"

6 抖音用户模仿行为现存问题的优化路径

抖音用户模仿行为现存问题的破解之策是复杂且需要多方共同关注的。为了解决这一现存问题，本文从三个维度进行概括。

首先，提升平台的创新引导力是关键。创新是发展的源泉。抖音作为平台方，要加强对于用户的创新引导，刺激创新行为的出现，为平台注入新的活力。比如举办创意挑战赛，对具有创新性的视频内容给予创作者流量扶持，以此加强对用户的创新引导。

---

❶ 徐潇. 传播仪式观视域下抖音短视频平台的模因传播研究 [D]. 上海：上海外国语大学, 2021.

其次，界定模仿的边界和限度也十分重要。这不仅需要进行深入的理论探讨，明确模仿行为的定义与范围，而且更需要建立相应的道德和法律规范，保护原创作品的知识产权，引导用户尊重原创、树立正确的价值观。

最后，不能忽视实践策略的重要性，增强内容发布的把关和监管机制是确保上述两点得以实施的重要保障。内容是一个平台的立命之本。抖音作为当下用户数量最多的短视频平台，面对不良内容短视频频发这一现象，更应该建立严格的内容审核机制，运用先进的技术手段进行监管，对于低俗性、博眼球的视频采取限流或封号处理，同时鼓励用户积极参与，建立起有效的举报制度。在严格的把关和事后监管机制下，努力打造绿色的网络环境，营造积极的创作平台和沟通环境。

7 结 语

研究发现，模仿行为较多的抖音用户会出于情感、社交以及自我表达的需求参与"拍同款"，其模仿行为在让用户对于其自身有更加清晰的认知的同时，还强化了用户的社交互动感，增进了用户之间的联系。模仿行为较少甚至没有模仿行为的用户可能会出于社交恐惧、模仿意愿动机不足以及在他人凝视下负面的自我审视等原因，不愿意参与"拍同款"，但其中也有部分用户表示，自己以后可能会有模仿行为，但主要还是要看能否引起情感共鸣。

抖音用户的模仿行为存在同质化现象严重、创新性较弱的问题，而且模仿的限度也不明确，部分模仿的内容甚至还存在不良价值导向。针对以上问题，本文也提出了相应的优化建议：第一，从政策上来说，提升平台的创新引导力；第二，理论探讨并界定明确模仿的边界和限度；第三，在实践中，要增强内容的把关和监管机制。

总体而言，模仿行为在抖音短视频平台中是非常普遍的媒介使用行为，也是一种新的媒介文化现象，相信未来将会有更多的学者聚焦于此，也期待未来抖音用户的模仿行为更具有创新性，对于抖音、网络和社会起到正向的价值引导作用。

海外华人抖音博主对中国东北文化呈现的建构

张子依

文化实力已然成为影响国家综合竞争力的关键要素之一。2022年10月27日，习近平总书记在党的二十大报告中对"增强中华文化传播影响力"作出重要部署，强调"加强国际传播能力建设，全面提升国际传播效能，形成同我国综合国力和国际地位相匹配的国际话语权。"深化文明交流互鉴，推动中华文化更好走向世界。❶ 2022年8月，习近平总书记在考察辽宁省时强调：在新时代东北振兴上展现更大担当和作为，奋力开创辽宁振兴发展新局面，并对新时代东北振兴寄予厚望。❷

随着大众传播视觉中心主义趋势的增强，移动短视频成为记录、创造和传播亚文化文本的重要平台，以饮食、舞蹈、服饰为代表的大量民俗文化博主转战短视频平台。在众多亚文化

---

❶ 习近平.高举中国特色社会主义伟大旗帜　为全面建设社会主义现代化国家而团结奋斗——在中国共产党第二十次全国代表大会上的报告[J].中华人民共和国国务院公报，2022（30）：4-27.

❷ 安蓓，黄玥.第一观察｜辽宁考察期间，习近平总书记这样谈新时代东北振兴[EB/OL].[2022-8-20]. https://www.spp.gov.cn/tt/202208/t20220820_572958.shtml.

群体中，中国东北文化特征成为短视频中重要的文化群体。在抖音平台，以"东北人在×××"为检索词进行检索（搜索时间为：2023年2月15日至2023年3月11日），检索结果出现"东北人在日本""东北人在美国""东北人在韩国""东北人在南非"等词条，并在"用户栏"以"东北人在"为检索词进行检索，检索结果显示，"用户栏"中有1000多个相关账号名，其中，"东北人在海外"这一类型的数量超过总检索量的1/3。可见，在新媒体融合环境中，中国东北文化在海外传播的情况通过海外东北华人拍摄的短视频勾勒出来，展现了东方"小"东北文化与国际"大"文化的碰撞与交融，对于助力振兴东北老工业基地和东北文化国际传播都具有重要意义。

本研究从抖音APP选取4位旅居海外的东北博主账号，如表1所示。分析4位博主对东北文化的媒介呈现，追溯其方言特征、话语修辞、传统美食等文化符号的呈现，为中国区域文化的跨地域传播和分众传播提供借鉴。

表1 4位旅居海外的东北博主账号一览表

账号名称	粉丝量/万	获赞/万	作品/个
东北老妈在日本	709.2	8701.7	324
王岩日记	776.4	13000	383
东北人（酱）在洛杉矶	1147.8	34000	1036
张踩铃	853.9	11000	441

注：数据统计截止时间为：2023年2月15日—2023年3月11日。

APP时代

1 东北籍博主的媒介化呈现

1.1 粗犷豪爽：地域性格的媒介塑造

从总体来看，短视频呈现的主要是善良淳朴和粗犷豪爽的东北人形象，特别是颇具生活化、幽默感的东北人形象是短视频人物塑造的重点。因地理环境、历史传统等因素的共同作用，东北人民在与大自然斗争的过程中形成了实干质朴、粗犷豪爽、乐天知足的性格。经观察发现，抖音博主"王岩日记"的媒介化形象具有粗放感的特点。其人物性格诙谐而豪放，光头和紧身牛仔裤成为该账号独特的形象标志，塑造了东北"精神小伙"的典型形象，使该视频画面主体充满喜感、诙谐幽默，贴合了大众对东北乡土的印象。该视频博主旅居日本，经常体验日本当地特色美食，视频文本常以夸张的表情和方言表达自己的感悟，该博主自封"名古屋辣王"的称号，收获700多万名粉丝关注。而"东北人（酱）在洛杉矶"的短视频侧重日常化、贴地化和生活化，其账号视频的场景均为居家住所、周边展览、节日庆典等常态活动。该博主目前于美国自主创业，其创办企业从事进口贸易。该博主关注短视频平台的"矩阵效应"，号召员工注册开设同类型账号，构建以"酱总"为核心的海外账号矩阵。视频文本主打温情叙事，博主始终保持乐观积极态度，以东北方言讲述的海外生活细节为内容，营造出豪爽粗犷、质朴踏实的形象。

作为短视频平台的重要区域文化集群，东北籍博主和东北文化已形成庞大规模和流量的视频文本类型，成为区域文化呈现的代表。就常规经验来看，东北文化偏重草根化叙事和经典场景演绎，画面内容生动形象。而本研究选取的研究对象脱离了东北三省的位置空间文化语境，置身于海外文化语境中的东北华人群体的生活日常，因而其媒介形象塑造更加偏重于文化叙事。

1.2 生动幽默：东北方言的话语修辞特征

方言是民族区域文化的外在表达，方言更是鉴别各省形象的重要特征，东北话是最突出的东北亚文化符号。❶ 海外东北华人虽然身居海外，但是，其意识形成的文化场域依然是中国东北地区，身在海外的东北博主的文本风格仍具有东北特色，侧重于直白的用词、俏皮生动的形容、幽默风趣的语调并伴随强烈的感情色彩。在媒介文本中常出现妙趣横生的俗语和惯口，尤其是歇后语的运用强化了东北博主的文本表现力，使视频画面生动活泼，极具幽默感。博主"张踩铃"在一个讲述外国婆婆只有看着食谱才会做饭时，视频中说："她做饭还得是开小匣，找小夹，照着小夹开小阀。"精准调侃加拿大婆婆对烹饪标准化的要求。远嫁日本的东北博主"东北老妈在日本"在一则记录田径比赛的生活视频中，在评价跑步结束的日本丈夫时说："虽然跑得拉（落后），精神很可嘉，全是高中生，你真是赢不了他。"一口顺耳的"东北普通话"版惯口，精准传达了虽然其远居日本，但仍妙语连珠，体现其对生活细微之处坦率豁达的生活态度。同类型博主视频的文本中也经常出现"哎呀""别整这没用的""嘎嘎香"等浓郁的、带有东北区域特色的习惯用语及语气词，这些词语不仅不影响观众对媒介内容的理

---

❶ 孙小惠. 东北当代城市话剧的发生与发展 [D]. 长春：吉林大学，2022.

解，反而显得更加自然亲切，集中体现了东北乡土语言的风格特色。

长时间旅居海外的东北人，受海外文化语境的影响加剧，外语与东北方言穿插的表述也时有发生，主要包括两种表达方式：第一种为中、英文穿插表达；第二种为用外语讲东北话。第一种将中文词语与英文词语相互替换，起到补充表达和押韵句式的作用。例如，博主"张踩铃"在一条视频中分享混血女儿在向加拿大奶奶介绍直升机在中国铁岭的运用普遍化时说："满街的飞机 times new roman（在天上），富裕的市民 no one care（没人管）。"这虽是夸张化的表述，但中、英文混合的表达方式使视频更加的风趣幽默，具有艺术性，媒介人物形象、性格鲜明。第二种则用极度真实的表述，夸张情绪、胸腔共鸣的发音方式运用于外语表达中，直截了当、塑造"东北外语"的语言风格。例如，博主"东北老妈在日本"在做家务时批评日本丈夫捣乱："好了！強すぎる！壊してるのね！それは恐ろしいです！（劲儿太大了，你再给整折了，好了好了！太吓人了！）"。东北人与生俱来的直爽性格和日本委婉含蓄的表达方式形成冲击，东北博主在视频中将二者冲突融合成用日语讲东北话，该表达不仅表达了东北话开放而包容的交际性，更表达了对自己身份的认同。

东北话兼具民间智慧与生活乐趣，成为东北喜剧文化的重要内核，富有搞笑、俏皮的俗语、俏皮话不仅吸引国内受众的喜爱，也受到海外人民的青睐。随着全球化、数字化进程的不断加速，海外东北华人已经不再是远在异乡的孤独个体，而是逐渐将东北区域亚文化与其他民族区域文化更好地融合，将东北话广泛推广运用于各类海外生活场景中，海外东北华人不断运用民族方言作跨文化传播。

1.3 民俗文化建构的区域风情

东北地区独特的地理环境与富饶的自然环境造就了特有的关东文化。东北文化在呈现中拥有更多可展示的机会，加之中国人与生俱来的民族自信使其旅居海外的生活依然延续着东北文化习俗，在异乡文化中展现着中国东北的文化风情。具体到题材内容上，内容主题集中在冰雪文化、民族特色饮食文化、"二人转"等民间娱乐文化，真可谓：题材丰富、话题不断、获得喜爱。

首先，在冰雪文化方面，博主"张跺铃"拍摄在加拿大的媒介呈现中包含较多与家人一起打雪仗、溜冰的内容，且邀请海外籍家人、朋友一起参与雪上运动。博主"东北老妈在日本"在每年冬季的视频内容中，也多次呈现与日本丈夫溜冰和打雪仗。

其次，在东北饮食文化呈现方面，博主"东北老妈在日本"最为突出。其视频主体为一个在日本当家庭主妇的中国东北女人形象，与丈夫在家吃饭的内容呈现较多，像玉米馇馇、蘸酱菜等特色东北菜作为东北饮食文化符号经常出现在视频中。该博主一边拍摄饭菜的准备过程，一边记录、介绍菜品。在对该博主视频内容画面频次统计可见，东北菜占比超过一半，且东北特色菜品种类丰富。例如，在记录除夕晚宴的视频中，画面拍摄了博主自制的彩色皮冻、鱼、手把羊肉、招财猪手等中式菜肴，以及女博主与其日本丈夫一起分享的过程，这个视频表现了中国同胞远在海外也要庆祝中国传统文化节日。女博主的日本丈夫尤其爱吃东北特色美食,且表达"再加一碗米饭"的需求,还会用不熟练的简单中文表达"我很高兴""好东西"等,或竖起大拇指说:"豪赤!(好吃!)"画面中,女博主的日本丈夫面带幸福感,表情满足,这一动作也成为该博主的标志性视觉符号。

最后,在"草根文化"方面,作为东北文化的主体部分,常以"东北二人转""摇花手"为经典的身体符号出现在东北文化短视频中,在海外东北人短视频中也不胜枚举。在博主"王岩日记"的视频中,曾出现过博主在日本新宿风情街前"摇花手",穿着虎皮纹路服装出镜,大光头配合黑色西服圆框眼镜,一位"东北大哥"的形象呼之欲出。

根据索绪尔"符号学理论",指示符号可以成为标志,这类符号与所表达的事物有某种直接或间接的关系。通过符号的表示和指引,符号信息接受者能够得到符号所表征的事物的地域历史、文化等信息。❶ 这些身居海外的东北博主大多通过记录日常生活的视频呈现东北风情,具有非常深厚而独特的"东北味道"。中国东北文化在自身特性影响和海外东北博主的主观诉求下,多种东北文化形式在不同场域下表达不同的内涵,反映出新型东北文化的国际性和多样性。

2 海外东北人自媒体短视频内容传播的问题

东北作为多元形态文化符号的汇聚地,其区域文化生产体量丰富、种类多元。但在全球国际社交场域中,东北文化属于

---

❶ 郑丽芳. 地域文化符号在陕西文化旅游景观设计中的应用研究 [D]. 西安: 陕西科技大学, 2013.

小众的中国区域文化，对外传播中存在内容同质化、表达缺乏连贯性，表现手段过于单一，具体展开如下。

其一，内容同质化束缚区域文化多样性。东北文化在作为短视频传播内容时，由于短视频博主身份相同、账号定位相同，容易出现选题相似、内容同质等问题。例如，博主"寡王（阿扣）"与"王岩日记"均作为身处日本的东北人博主，且账号定位均为美食博主，在品尝日本纳豆、三文鱼、探店等视频主题均有相似之处。产生此问题的原因，不排除博主账号为了获得国内市场注意力，放大东北文化与海外文化的差异之处，利用容易获取高点击率的视频主题拍摄内容。

其二，主题缺乏连贯性会遮蔽区域文化体系。短视频具有碎片化的特点，短短两三分钟的长度表现东北文化元素容易，但要传达东北民族区域文化体系却很困难，要想把东北方言、民俗的来龙去脉完整呈现给其他文化下的受众难度很大。东北民俗文化的对外传播是一种跨文化交流，许多海外东北华人博主记录在海外呈现东北民俗时，即使进行了解释，但是仍有很多外国人无法理解其中的文化内涵，他们只是把东北文化当成"一种好玩的东西"。这样一来，东北文化既不能给海外受众留下深刻印象，也不能激起他们继续探索的欲望，不利于东北文化的对外传播。

其三，表现手段单一，缺乏对区域文化挖掘的深度。东北文化在对外传播呈现时，多数海外东北博主拍摄形式为一日记录和口播，以此借助视频画面和声音语言传达东北文化，但由于博主拍摄手法的限制，使中国东北文化无法更为全面广泛地展现给海外受众。东北民俗文化产生于白山黑水之间，是在特定历史时期和特殊自然条件共同作用下孕育产生的,具有很强的自我特色和特异性。❶ 在对外传播时,单一的视频形式无法表达出东北文化的特异性。

3 东北区域文化形象对外传播策略

3.1 区分高低语境,向外精准传播

在移动智能终端和通信网络全域覆盖的背景下,短视频社交平台迅速崛起,成为自媒体用户呈现区域文化的重要平台。各区域文化博主在短视频平台呈现多样的地域文化特征,凭借其受众多元、内容多样、文化多彩的媒介传播特性,利用好国际社交媒体,构建对外传播中国东北文化的丰富内涵,加速全球范围内文化符号流通和相互借鉴。良好的受众群体是对外传播的关键,全球文化多元,不同语境下受众存在圈层化和聚集性,而东北文化是灿烂的中华文化中重要的组成部分,也具有自身特殊性,利用好国际传播渠道塑造中国东北文化形象,需要挖掘不同国家受众的喜好,科学划分受众群体,从共同话语空间入手,找到共同文化理解的切口,寻找不同文化背景下的"共同情感",搭建受众分众化、途径多样化的传播架构。具体而言,可以根据世界国家语境高低的不同,实现分众化传播。美国人类学家爱德华·霍尔在《超越文化》❷ 一书中首次提出"高低语境文化理论",该理论在跨文化传播研究中得到了广泛应用。霍尔将文化分为两部分:高语境文化和低语境文化。频

---

❶ 相梅,于伟,韩福丽. 东北地区民俗文化对外传播翻译策略探析 [J]. 白城师范学院学报,2020,34(4):56-59.

❷ 霍尔. 超越文化 [M]. 何道宽,译. 北京:北京大学出版社,2010:11.

繁使用高语境信息的文化称之为高语境文化（东方国家的文化）；而那些较少使用高语境信息的文化是低语境文化（西方国家的文化）。❶ 东北文化中蕴含的东北人性格上的直爽、实在、讲义气，贴合低语境国家思维习惯，且东北人在长相上更贴近"西方"审美：五官端正，轮廓清晰，脸型有立体感，这些都让外国人喜爱不已。在面对东方国家时，同属东方土地的文化，拥有更多相同的文化理解方式，尤其是对"娱乐精神"的理解，更具有共情能力，融通中外表达方式，用世界语言讲述中国故事。因此，精准定位市场需求，贴合外国不同受众群体的语境，用不同语境容易理解的内容满足与唤醒目标受众的情感共鸣。

3.2 抓住文化共鸣，营造共同话语

从高低语境构建东北文化传播策略归根结底是寻找本土文化和外域文化的共通性，在不适合用高低语境来划分的国家，可以从相似文化的角度寻找传播策略，寻找文化共鸣，全方位、多层次创造共同话语空间。例如，与中国东北区域邻近的俄罗斯、日本、韩国三个国家，在冰雪文化的发展中与我国东北地区具有共通性，在腌制蔬菜、冰雪运动、冬季供暖方式等生产和生活习俗上也都有相似之处。在博主"东北老妈在日本"的视频中，从女博主的日本丈夫对酸菜炖豆角的喜爱可以看出，放大两个共同的文化元素的结合，对东北文化走出去是有益之举，容易在异域传播语境中快速形成天然话语桥梁，搭建东北文化跨文化传播的快速通道，在中、日两国文化的生活实践和

---

❶ 王潇冉. 跨文化视域下商务信函的翻译策略［J］. 品位·经典，2022（14）：27-29，38.

文化交流中，给我国东北文化对外传播提供了大量优质选题，潜移默化地激发海外观众对我国东北文化产生共鸣。

东北文化对邻近国的传播思路不仅对发展周边国家文化交流提供参考，而且还给其他各国传播中国东北文化提供思路，即寻找文化共鸣可以从全人类的视角出发，树立具有国际视野的创作理念，寻找共同关注的内容题材，让传播的内容从关注区域文化的特点，逐步转向对人类文明的思考和中华民族文化底蕴的展示。中国东北文化的本质来源于世界文化多样性的孕育，尽管世界各地文化沟壑纵横，但是人类有着共同的特征——对共生世界的关注和好奇，以及对人性根本问题的共通的情感和共鸣。[1] 例如，作为我国东北特色吉祥物的东北虎，是国家一级保护动物，它常常出现在民间故事、童谣、剪纸贴画等民俗作品中，但东北虎是大自然的产物，不仅出现在中国境内，而且也出现在俄罗斯等地，其勇猛、正直的形象受到世界人民的喜爱，因此中国东北文化重塑了世界话语体系认同的这一东北文化符号，可以将东北文化对外传播，从而搭载人与自然和谐共生的情感联结，找到"不同"文化之中的"同"，抓住文化间的最大公约数，实现有效的跨文化传播。

3.3 强化官方话语，增强"他者"叙述

在短视频传播语境中，中国东北文化对外传播存在碎片化、短暂性等弊端，同样警示中国东北文化在国际传播语境中也需要规避此类问题。目前，政府的传播力在短视频平台传播中仍

---

[1] 张景武. 海南题材纪录片跨文化传播的选题困境与突破 [J]. 青年记者, 2022 (18): 85-87.

然占据主导地位，仅仅依靠官方媒体发布东北区域新闻故事来构建海外受众想象中的东北亚区域文化内容是远远不够的，是刻板的也是碎片化的。❶ 作为中国对外传播的官方媒体需要制定东北文化形象定位和总体规划，从宏观的视角为东北的特色文化形象确定总体基调，整合多种资源，突出东北三省的文化特色和文化内涵，在传播中及时做好有效的翻译工作。在文化交流活动中，以东北三省的城市和乡村特色景观、历史文化风貌、冰雪文化等元素作为文化符号，开展活泼有趣的文娱活动，给海外受众留下深刻印象。政府机构应重视选择国际主流传播平台，及时结合国际热点事件和网络话题，推广东北文化，从而增强代表中国国际化与现代化的东北亚区域文化的影响力。

在政府和官方机构对传播东北文化媒介内容进行统领的基础上，还要充分利用已定居国外的东北籍华人作为个体媒介，通过"身体在场"的"个体叙事"讲好中国故事，形成跨文化传播深切实际的传播方式。根据解释传播效果的"循因理论"，任何一种传播行为都存在着被规劝的动机，走出国门的中国人通过"第三人身份法"，用"身体在场"的方式与外国友人建立人际关系，在真实的社会交往中，充分展现率真、可靠、正义、勇敢的东北人形象，成为"他者"立场进行中国形象的认知叙述，讲好中国故事，传播中国声音。❷ 在不同方面显示出"丰富多彩、幽默风趣的东北文化形象"，给每一位国外民众留下积极的认知印象。

---

❶ 周伶，刘虹. 短视频平台上东北区域文化形象建构策略 [J]. 戏剧之家，2021（8）：151-152.

❷ 冯薇，任华，吴东英. 短视频时代怎样向世界讲好中国故事——李子柒在 YouTube 平台上的跨文化传播策略研究 [J]. 传媒，2022（16）：65-68.

社群、差异、发展：
抖音社群的受众自我呈现分析

胡方杰

1 研究设计

1.1 研究目的

2019年8月，抖音推出了群聊功能，相较于微信以熟人社交为主，Soul APP 以陌生人社交为主的沟通方式，抖音社群则兼顾熟人社交和陌生人社交两种方式，而抖音社群的出现则让这样的社交又得到更大的发展。抖音社群已经形成了完整的生态体系，也融入短视频的生态之中。本文将着重关注抖音社群中的受众，即受众在抖音群聊这一新旧交织的社群中会有怎样的自我呈现，以什么为主要的交流内容。本文希望通过对抖音群聊受众表现的研究，进而了解短视频盛行对受众社群交流所带来的影响及其所衍生的问题。

1.2 研究现状

随着新媒体技术的迅速发展和智能设备的广泛使用，越来越多的人选择用镜头记录生活,并通过短视频来表达自我。尽管这种"记录"方式与传统媒体塑造整体自我形象的方式有所不同,但它也是一个塑造自我形象的过程。这不仅是记录生活的手段,而且也是一个提升自我价值的过程。短视频具有技术门槛低、个性化强、社交属性明显等特点,为人们提供了自我形象建构与呈现的新平台。在这个平台上,人们可以更加注重展现个体的独特性,建构出更加多元、立体的形象。

短视频大部分会通过特定要素完成对身份的构建。比如,用海马体照相馆的照片做头像的往往是需要用专业的头像获得受众信任的人,而莲花、山水等头像则作为中年人常用头像的代表,展现一种生活态度。用户有时没有明确告知自己的信息,却可以通过头像、个性签名等媒体设置变相地传递信息。比如,张思雨通过研究发现,在东北农村女性发布的短视频作品包含丰富的主题,以记录日常生活类为主,并通过对昵称、头像、角色身份、视频形式、视频主题及文案、视频内容呈现等基本要素的选择与展示,建构了多元立体的个人媒介形象。❶ 除了这些常规的媒介信息设置,用户还会在视频中构建专属于自己特色的元素,通过这些元素来塑造自己的媒介形象,同时也在一定程度上固化了这些元素所蕴含的特定含义,形成独特视频风格的方式,塑造媒介形象。比如,杨峥嵘通过研究发现,在建构方式上,首先,通过凸显苗族文化代表符号与个性化标签来标识苗族身份,以回答"我们是谁"的问题;其次,运用视听语言来强化自我形象,包括采用竖屏影像加深视觉印象、运用

---

❶ 张思雨. 东北农村女性媒介形象的自我建构与呈现研究——以"抖音"和"快手"短视频平台为例[D]. 沈阳:辽宁大学,2023.

声音延伸画面以及特色化剪辑来形成自我风格；最后，通过打造表演场景，在与用户的交流互动中完成苗族形象的自我建构和对传统印象的解构。❶ 通过这些多元立体的自我媒介形象的塑造会向我们展示某一群体隐藏的一面。在短视频中，通过不同的元素来构建媒介形象，这打破了群众对于某一群体的特定的印象。比如，王姿娇在一项关于老年人形象建构的研究中发现，老年人的形象自塑实践颇有成果，突破、完善、超越了以往单一刻板的老年形象。基于抖音平台，老年人呈现出的形象更为积极正面，更为年轻一代所认同。❷ 但由于媒介素养的参差，导致受众在媒介形象塑造上会产生一定的偏颇。马悦认为，虽然自媒体短视频能够较大程度地呈现农民的形象，但由于媒介技术普及的不平衡、其媒介素养不够高等原因，在形象建构中还是存在对真实的农民形象和个性的遮蔽等问题。❸

通过上述文献的分析大致可以了解到，在短视频平台受众媒介形象的自我呈现多是从两个角度进行。一是以用户发表内容为研究对象的分析，即从点到面的研究为什么会呈现出这一形象，该角度所集中的是在发布内容上呈现的形象，而缺少了日常交流中的自我呈现。二是以特定群体为研究对象，并进一步延伸，即群体在媒介形象上的呈现如何影响社会对该群体的印象。该角度将目光锁定在某一群体，没有从较为宏观的角度

---

❶ 杨峥嵘. 抖音平台的苗族媒介形象自我建构研究 [D]. 长沙：湖南大学，2022.
❷ 王姿娇. 拟剧理论视角下老年人的媒介形象自我呈现研究 [D]. 杭州：浙江理工大学，2022.
❸ 马悦. 乡村振兴背景下自媒体农民形象建构研究 [D]. 天津：天津师范大学，2022.

观察后再分类，而是基于已有的社会印象分类，有一定的缺陷。故本文将以较为缺少的短视频沟通渠道——社群为切入点，并在整理一定的访谈结果后再进行群体分类。

1.3 研究意义

目前，移动短视频市场已经处于发展阶段中的平稳期。过去的各种数据都展示出移动短视频在内容竞争、用户规模、融资能力、与其他网络视频的竞争力、盈利变现等方面都具有突出的表现。但市场要在平台生态建设方面有进一步的发展，在内容、技术、监督、盈利等多个层面还有大量需要提升的空间。而本文从受众的角度出发，以受众的需求结合当下社会、经济、营销等不同学科背景对几个移动短视频社群发展进行探讨分析，能够为未来整个行业的发展提供参考。

1.4 研究方法

一方面，移动短视频创新的社交方式得到了市场的重视，平台方将社交元素逐渐融入软件应用功能，持续完善社交功能；另一方面，吸引了大批的用户，在发布短视频分享内容的过程中的社交，让短视频变成了一种新型社交工具。受众在抖音群聊中的行为表现，可以得出不同类型的抖音群应该有什么样的发展方向。本研究在抖音中选取了10位加入抖音群的用户，对其进行访谈，将访谈内容作为研究对象，以"扎根理论"作为理论基础，通过Nvivo12文本分析软件进行量化分析，以期探讨抖音群聊受众差异表现的分析，为促进抖音群聊功能发展提供一些思路。

扎根理论（groundedtheory）最早由巴尼·G.格拉泽和安塞姆·施特劳斯提出，作为质性研究的一种方法，该理论强调在"系统收集资料的基础上寻找反映社会现象的核心概念，然后通过这些概念之间的联系建构相关的社会理论"[1]。本文借助质性分析软件Nvivo12，对10名参与抖音群聊的用户访谈文本进行数据整理、文本编码、分析判断，对相关概念进行梳理、归类、筛选，通过对结果的分析思考，提出优化抖音社群的建议。

首先，进行开放性编码，将文本内容逐条导入，并分析文本内容进行概念梳理和初始概念化。例如，把文本中"有一些群友的习惯不是很好，经常在群内引起纠纷，让自己十分反感"编码为"群体规范缺失"等子节点。其次，进行主轴编码，深入发掘概念与概念之间的关系与逻辑，将相近概念或相同范围进行归纳合并，例如，把"群体规范缺失""分享内容重复"等归纳为"抖音群的缺陷"的父节点。最后，得到4个父节点，如表1所示。

表1 父节点与子节点编码一览表

父节点	子节点	参考数量/个	总计/个
进入抖音群的原因	个人需求	7	19
	工作需要	2	
	平台内置功能更加便捷	6	
	熟人邀请	4	

---

[1] 陈向明. 扎根理论的思路和方法 [J]. 教育研究与实验, 1999 (4): 58-63, 73.

续表

父节点	子节点	参考数量/个	总计/个
粉丝群	沉默性发言	2	10
	发布型发言	2	
	共同构建氛围	2	
	活跃氛围	4	
熟人群	沉默型发言	1	23
	获取型发言	7	
	活跃的群内氛围	5	
	氛围受现实关系的影响	8	
	氛围受时间影响	2	
抖音群的缺陷	分享内容重复	3	14
	群内参与感差	3	
	群体规范缺失	3	
	软件设置缺陷	5	

2 研究数据分析

2.1 社群化传播中抖音社群的优势

随着移动互联网流量红利的消失，受众增长似乎已经达到顶端，此时，如何运营自身已有的精细化流量，并让它发挥更大的价值，成为大部分平台需要考虑的重要问题。相较于微信、QQ 这些较为成熟的社交平台，抖音难以将受众有效聚合，将公域流量有效转化为私域流量也存在一定难度。抖音通过群聊功能这一中介以期达到这一目的。

近几年,以抖音为代表的衍生社会化媒体在移动社交上持续发力,受众基于同一兴趣的视频内容即可在抖音组建群聊分享,无须转移至第三方社交平台,将社交留在软件内部。通过对抖音上使用抖音群聊功能的用户进行访谈,探索其使用抖音群聊功能的原因,本文发现抖音在社群化中所具有的优势。

抖音作为使用受众最多的移动短视频平台,拥有海量的视频,涉及我们生活的方方面面,其内容的海量性难以想象。在这个视频数据库中,许多人通过个性化算法推荐找到自己所喜欢的视频内容,以满足自己的个性化需求,包括但不局限于资料、资讯的获取,以及兴趣爱好的发展。通过相互关注并组建社群,其信息更具有准确性和及时性。相关的话题也更能引发讨论,促进社群的互动。正如4号访谈对象所说:"进入抖音最直接的原因是兴趣,能和陌生人分享一些同样感兴趣的内容,就像是一些游戏、动漫和模玩之类的事情,就算是小众爱好,也能找到一群志同道合的朋友。除此之外,一些博主还会发布一些相关周边的测评视频,这些内容往往会对我有着很大的吸引力,同时,也能轻易获取有关游戏更新的内容。"庞大的视频数据和讨论,让人们的需求更容易得到满足。

随着抖音社群功能的不断发展,许多对短视频需求比较高的职业工作者在抖音中也使用了群聊功能,抖音海量视频、独特创意和强大的流量变现能力,都是吸引受众在抖音内进行办公的原因。正如9号访谈对象所说:"工作群经常会聊天,分享一些比较适合翻拍的视频,选择比较有创意的点子进行创作。"在企业宣传部门运营抖音账号的工作者会把好的创意分享到抖音群里，共同讨论下一个视频该如何拍摄。而作为幼师的 3 号访谈对象则将幼儿舞蹈、活动策划、手工等视频分享到群内，进行每周幼儿活动的策划。同时抖音内置的已读功能会让群员更好地掌握自己所发视频的群内成员的查看情况。抖音工作群的形成会影响到后续的工作沟通习惯，使抖音工作群潜移默化地影响到群组成员的工作习惯。这证明在许多办公沟通软件充斥市场的情况下，抖音凭借着自己海量的内容和独特的群聊功能在办公市场赢得一席之地。

不同软件之间为防止受众的流失，在传播过程中设置了壁垒，许多抖音视频的传播依托于链接、小程序和本地保存，这使受众在解码时阻碍重重、困难多多。同时互联网让视频的传播速度加快，但对视频的保护措施却没有及时跟进，有很多优质的视频博主会把自己的视频设置成不允许下载的模式，在一定程度上也阻碍着视频的跨平台传播。抖音群则很好地解决了这一问题，不需要复制粘贴、下载、转换传播平台等一系列麻烦的事情，就可以在抖音群直接分享，也不需要额外下载软件，减轻了对手机的负担。此次在对 10 位访谈者的访谈中，有 6 位访谈对象明确表明：自己进入抖音群的原因之一便是平台内置功能更加便捷。

抖音 APP 不完全是一个独立的陌生人社交，而是熟人社交和陌生人社交相兼顾的 APP，依托现实中的人际关系，也成为抖音群聊功能发展壮大的原因之一。在本次访谈对象中，有 8 人是由现实中的好友邀请入群，以前都没有接触到抖音群聊功能。现实中的人际关系区别于网络社会，强联系会让人们更难以拒绝一个不太过分的要求，熟人之间的病毒式裂变传播也成为抖音社群发展壮大的原因之一。

基于对10位访谈对象加入抖音社群原因的探讨，我们可以得出四个主要原因：自身的需求、工作的需要、平台内置功能、熟人邀请。这也让我们了解到在移动视频平台的社群化过程中，抖音凭借着人际关系、平台功能以及对个人需求的满足成功地实现了抖音的社群化转变——由单一平台转变成复合型媒体。

2.2 社群受众差异化的自我呈现

在访谈过程中，有4位访谈对象使用粉丝群这一功能，通过对访谈对象在群内的发言情况的了解，从而得出粉丝群的发言类型主要为沉默型发言和发布型发言。沉默型发言者表示，加入粉丝群更多的是第一时间获得相关福利的通知，在群内基本上不参与发言，时刻保持沉默，这种类型的发言多出现在品牌的粉丝群中，当受众完成购物后基本上会退出粉丝群或者保持沉默，偶尔会关注一下最新的福利信息。针对这一现象，在抖音中，品牌类的粉丝群主要依托于福利的发放，实现公域流量向私域流量的转化，较为生硬死板。而发布型发言多发生在基于兴趣而组建的粉丝群中。新媒体传播技术允许使用者积极参与，普通用户从此不再是被动的信息接受者，而是积极的生产者。"将媒介使用者分为消费者和生产者两个阵营、'井水不犯河水'的历史一去不复返了，生产者和消费者、作者和读者的分界线逐渐淡化甚至消失，两种身份将合二为一了。"[1] 10号访谈者说："博主也会经常在群里发言，粉丝也会经常在群里分

---

[1] 莱文森. 软利器：信息革命的自然历史与未来[M]. 何道宽,译. 上海：复旦大学出版社, 2011: 11.

享自己跳的舞蹈,这些都启发我也改变了我原有的一些心态。比如,现在的我发布了视频后,可能也会发到群里,大家分享一下。"社群2.0充分利用了网络效应,又在社群人气需求与提供有利于交流的舒适环境两者之间作了巧妙的平衡。在这里,受众可以基于共同的兴趣而随机地相互联系。❶ 故基于兴趣而建立的粉丝群相对来说更为活跃,能够较为成功地将公域流量转换成私域流量。

谈及粉丝群内的氛围,大部分访谈对象认为较好,基于管理者的发言以及相关福利的发放,基本上每天都有活跃的发言。那些具有较大影响力和话语权的有影响力受众——KOL,通过与这些中心节点建立连接,在中心节点的带领之下,往往可以产生引爆社群的强大能量。❷ 但也存在一定的风险因素。因为粉丝群都是由网络上的陌生人所组成的,所以在群内的管理上会存在一定的缺陷,需要群内成员共同构建粉丝群内的氛围。

除了针对某一话题或人物聚集而成的粉丝群外,还有依托于现实关系的熟人群。在对8位使用熟人群的访谈对象进行访谈的过程中,发现在2个不同类型的群内,受众的发言类型有所不同,主要表现为获取型发言。有访谈对象表示:"熟人群中就没有那么多的限制。在考研群里,我只会发和考研相关的内容;在熟人群里,我更关注哪个成员发言好笑,能让大家快乐,以及能分享我最近的状态就可以;在熟人群中,更多的是一个交流的意义,我倒是觉得内容不太重要,分享的行为才是熟人

---

❶ 邓胜利,胡吉明. Web 2.0环境下网络社群理论研究综述 [J]. 中国图书馆学报, 2010, 36 (5): 90-95.

❷ 潘婷,焦若微. 基于新4C理论的小红书社群营销策略研究 [J]. 采写编, 2021 (11): 178-180.

抖音群的意义。"因为有现实关系作为依托，群内成员都是较为熟悉的，所以向群内分享视频引发讨论，从而维系现实中的人际关系成为熟人群的重要意义之一。

依托于现实关系所建立的群组，必然受到现实关系的影响，抖音熟人群中的交流更多是作为现实关系的一个补充，更多是现实关系的锦上添花，而当现实关系变弱后，抖音群则很难对现实关系进行挽回，大概率会发生沉寂。同时抖音群也会受到时间的影响。例如，对于2号和5号这两位住宿的访谈对象而言，其所在的抖音群会在放假的时候十分活跃。而正在工作的人群则会受到工作任务和忙碌程度的影响相对沉默。

针对上述两种类型抖音社群的发言类型和氛围的分析，可以看出，由于受到不同社群类型的影响，在品牌粉丝群的成员更多表现得较为沉默，而在兴趣粉丝群中，成员则更乐意发布相关创作，在熟人群中更多是信息的获取型成员，通过引发相关讨论增进成员之间的感情。针对上述社群类型，我们可以得到三个类型社群活跃的依托，品牌粉丝群依托于商品福利，兴趣粉丝群依托于个人兴趣爱好，而熟人群则依托于现实关系。

2.3 使用抖音社群体验感的缺陷

内容是社交基因的内核，推送过于同质化的内容，导致受众黏性降低。目前抖音短视频上搞笑、段子、模仿类视频偏多，10位访谈对象也都表示，搞笑视频成为分享的一大种类，它不容易引发矛盾，同时还能够迅速填补受众的空闲时间。但视频内容过度娱乐化，使受众产生审美疲劳，降低兴趣，难以满足受众对于知识获取的高层次精神需求，同时基于受众分类、个性化推荐等算法分析,导致抖音好友更容易收到同样的视频,从而导致群内分享内容的高度重复,被调侃"大家冲的都是同一片浪"。

此外,内容同质化的问题普遍存在于移动短视频平台。当某一类型的视频爆火之后,由于创作门槛较低,众多用户为追求流量而竞相模仿,平台上便充斥着大量类似视频,易使受众产生审美疲劳。故在抖音群内虽不是一样的视频,但内容大同小异。

社群形成的一个重要因素便是互动,当互动程度低时,社群的参与体验感差,致使社群参与意向降低。1997年,琼斯就虚拟社区的公共空间、边界、互动以及存在性展开讨论。"对于一个网络空间来说,要被标记为虚拟社区,他就必须满足最低限度的条件,包括最低限度的互动性;各种交流者;最低限度的持续成员资格;互动的概念是虚拟社区的核心。"[1] 当互动降低时,例如,当视频分享到群内后,其他成员缺少及时的反馈,或者呈现非正向的反馈,都会让成员产生落差感,从而影响参与感。当参与感持续性较差,那么抖音群趋于沉寂将不构成虚拟社区,也就意味着该抖音群无法再为抖音平台带来实际的效益。

群体活动失序失范是社群面临的另一大缺陷。群体指的是"具有特定的共同目标和共同归属感、存在着互动关系的附属个人的集合体",它能够形成社会规范与准则,有助于社会秩序维

---

[1] JONES Q. Virtual-communities, virtual settlement & cyber- archaeology: A theoretical outline [J]. Journal of computer-Me diated communication, 1997 (3).

持。❶ 在群体传播中，群体规范的主要作用是排除偏理性意见保证群体决策和群体活动的效率，他具体表现为群成员之间对社群的认同。如果社群内不能形成群体规范，那么社群内部的稳定性将会被破坏，不利于社群文化的形成。

当前移动短视频社群由于过度娱乐化、定位不清晰、组织结构松散等原因基本上未能形成群体规范，难以对群成员形成约束，粉丝群中尤为明显。分析其原因，第一，社群的准入门槛低，基本上关注博主抖音的用户就可以加入粉丝群，用户质量参差不齐。第二，较少有管理人员强调群内秩序，或设置群内分享的权限。第三，社群组织尚未形成，大部分兴趣群依托群主自身进行管理，缺乏较为完善的管理体系。故此将会产生一些非必要的矛盾，影响抖音社群的整体环境。

现阶段，抖音 APP 虽已经积累过亿活跃用户，但其界面设置、媒介交互方式和实际操作体验尚有不足，有待于技术研发者和产品设计者后期改进。相比微博、微信等社交属性更强的 APP，抖音的分享互动体验较差，尚未形成微博虚拟社群般的社交体验。部分访谈者表示，在分类备注时存在缺陷，曾有将内容发错群组的情况出现。由于群消息过多，常常导致自己将重要的消息遗漏。在抖音群的成员管理上，由于缺少群成员经验标记功能，所以管理员难以形成意见引导。

---

❶ 《社会学概论》编写组. 社会学概论 [M]. 北京：人民出版社，高等教育出版社，2011：76.

3 抖音社群运行发展策略

3.1 激励个体受众生产优质内容

目前，移动短视频的内容在功能上主要以娱乐大众为主，大多是搞笑类型，但随着受众需求的升级，对短视频内容也有了新的要求。相较于过度重复的内容模仿，通过抖音官方设置相应的计划，来引导受众进行相关题材的创作，如"乡村守护人"计划，是抖音集团发起的助力乡村发展的公益项目，希望邀请到有志于乡村发展的创作者、助农企业、专家学者等参与，这些原创优质视频大多都包括乡村风貌、美食特产、非遗民俗、文化旅游、农业技术等内容。

在当今信息爆炸的时代，视频如"打工人小张"以其独特的视角和敏锐的洞察力，捕捉到了中国多数生活经验较少的群众的需求。对于日常生活中的诸多细节，如如何坐高铁、乘坐飞机、去医院看病等，可能是让抖音用户在生活中产生困扰的场景话题，通过发布相关的视频，为这些用户提供了详尽而实用的指导，从而获得了广泛的欢迎和认可。优质的短视频内容是获得用户喜爱的根本原因。"打工人小张"的作品不仅具有高质量的信息，而且还以贴近群众生活的角度，将复杂的问题以简单易懂的方式呈现出来。这种创作方式使他的作品具有极高的实用性和可读性。他的作品不仅仅是一系列的生活场景"说明书"，更是一种生活经验的传递和分享，这使得他的作品既有深度又有温度。

通过内容的正向输出，有助于用户间基于内容进行互动社交。视频传播为受众提供了沉浸式的场景，引起用户的情感共鸣，引导用户的参与和互动，完成更深层次社交行为，既有利于优质内容的产出，也满足了用户对社交的心理需求，创造良好的内容生态建设。

3.2 群体规范促进生产氛围

抖音群成员的社会属性差异较明显，故移动短视频社群的运营存在一定难度，建立群体规范成为社群发展的关键之处。建立良好的群体规范可以协调社群内部成员的交流互动，不论是发布者、获取者还是沉默者都能够各司其职，维护社群结构的稳定。同时，群体规范还有助于建立共同的目标，大家齐心协力为建设共同的目标打下基础，有利于社群建设与发展，良好的社群氛围和受众目标的实现相辅相成。

抖音粉丝团就是粉丝和心仪主播之间的专属互动功能，让你能够区别于普通受众用户，更受主播的关注，通过直播页面左上角的按钮就可以花费抖币加入粉丝团。为避免已有粉丝流失、收入下降，主播要付出比平时更多的时间和精力来维持、培养忠实粉丝，群主可以设置本群的管理员、入群条件（如粉丝团多少等级才可加入等），并发布群公告等，通过抖音粉丝群的维护来提高粉丝与个人账号的黏性。而由现实熟人组建的抖音群中则对现实中的群体规范和群体秩序进行延伸，自觉地进行维护。

当良好的群体规范建立之后，有利于约束成员的行为，对违规成员进行及时提醒，或者给予其他警示，从而避免"破窗效应"的发生。在群体规范与共同目标的约束下，成员在社群内的活动呈现出井然有序的状态，增强了成员之间的凝聚力，从而助力社群的健康发展。

3.3 情感价值激励社群活跃度

无论是兴趣粉丝群的兴趣因素，还是熟人群中的人际关系因素，在其中都脱离不了感情上的联系。当前短视频社交平台经济发展模式的另一大特色是其对情感营销的注重。[1] 一方面，博主需要提供高质量的内容来竞争受众，并通过自己在某一领域所形成的声誉来获得更大的关注度；另一方面，博主还需建构个性化人物标签——通过具体"人设"来塑造个人影响力。特殊的身份产生特殊的要求，在职业实践中，主播既要熟练运用社交媒体平台的技术特点来进行经济活动，又不能忽略社交媒体平台的日常社交属性。[2] 这两个任务既要求博主本身要有感情投入，又要求受众对博主有感情投入才能确保联结具有黏性。网红经济要想取得成功，就必须不断提升网红在情感渲染方面的能力。

---

[1] 段鹏. 社群、场景、情感：短视频平台中的群体参与和电商发展 [J]. 新闻大学，2022（1）：86-124.

[2] 董晨宇，叶蓁. 做主播：一项关系劳动的数码民族志 [J]. 国际新闻界，2021，43（12）：6-28.

UCG 模式下 IP 二次创作的社交化生产动机研究

——以 LOFTER APP 为例

夏恩涵

1 研究背景

当今社会，互联网技术飞速发展，第 52 次《中国互联网络发展状况统计报告》显示，截至 2023 年 6 月，我国网民规模达 10.79 亿人，互联网普及率达 76.4%。其中，使用手机上网的网民规模达 10.76 亿人。❶ 随着数字时代的到来，众多 IP（Intellectual Property，知识产权）的爱好者也开始将网络平台作为其传播作品和分享观点的空间。截至 2024 年 5 月，Archive of Our Own（AO3）是世界上最大的改编创作平台，而在国内比较受欢迎的是在 2011 年 8 月发布的一款名为"网易 LOFTER"的轻博

---

❶ 中国互联网络信息中心. 第 52 次中国互联网络发展状况统计报告 [EB/OL].（2023-08-28）[2024-01-25]. https://www.cnnic.net.cn/n4/2023/0828/c88-10829.html.

客，其宗旨是"专注兴趣，分享创作"，以此来鼓励 UGC 的内容创作。该平台聚集了 1300 多万名用户和超过 8000 万个分类的兴趣标签。❶ "LOFT"是指广阔的、自由的空间，而"LOFTER"是指广阔的、自由的、空间中充满无限可能性的创造者。在 LOFTER 中，中国的 IP 爱好者在作品创作中的参与度达到一个新的高峰，形成了国内 IP 改编创作的特色。到了 2021 年，LOFTER 的优秀创作者数量达到了 48.5 万，IP 改编作品平均每月浏览量达到了 100 万，数以万计的创作者组成了 LOFTER 无比繁荣的创作生态。❷ 本文将以 LOFTER APP 作为研究对象，对其 IP 改编创作社区中创作者的生产与传播行为进行研究，并对其背后逻辑进行分析。

2 文献综述

2.1 UGC 方向

移动互联网技术实现了消费者的节点化连接，推动了数字网络平台的内容生产。UGC 是指"用户所生产的内容"，是指在 Web 2.0 时代，由用户发布的各类原创内容，包括视频、图

---

❶ LOFTER. 商务合作［EB/OL］. ［2023-10-14］. https://www.lofter.com/contact.

❷ 许靖. 想象的乌托邦：社交媒体平台中的同人创作研究［J］. 新媒体研究，2022，8（11）：101-104.

片、文字等。❶ 2007 年,国内对 UGC 的相关研究开始涌现,随着对 UGC 相关研究的逐步增多,对 UGC 的理论与应用研究也越来越多。对 UGC 的研究大致可以分为三个层次:首先是分析 UGC 的现状、特点、受众以及创作者;其次是研究分析 UGC 传播的具体内容;最后是探究 UGC 的传播模式。许多关于 UGC 的创作者和受众的研究大多是以典型的个案为研究对象,较少从使用与传播动机等方面进行探讨。总的来说,学术界对 UGC 模式下的 IP 改编创作者群体的讨论和研究还比较少见。关于 UGC 模式的研究多集中在平台和技术层面,很少涉及作者的创作生产问题。

2.2 经典 IP 二次创作方向

IP 二次创作的作品是从漫画、动画、小说、影视作品、人物设定中衍生出来的作品;或由一本书所衍生出的其他作品;IP 改编创作是指在原作或原型的基础上进行的一种再创造活动和产物。❷ 最初,王铮所著的《同人的世界——对一种网络小众文化的研究》一书是以圈内人士和研究者的身份,比较全面地介绍了 IP 改编作者的行为,介绍了 IP 改编的源流、发展和现状。其次,孙硕颖以哈利·波特粉丝群体中的改编创作为例,指出 IP 文学改编作品具有仪式性的狂欢性质。❸ 张萌则对虚拟

---

❶ 范哲,朱庆华,赵宇翔. Web 2.0 环境下 UGC 研究述评 [J]. 图书情报工作, 2009, 53 (22): 60-63, 102.

❷ 王铮. 同人的世界——对一种网络小众文化的研究 [M]. 北京:新华出版社, 2008.

❸ 孙硕颖. 网络迷群体的乌托邦——《哈利·波特》同人迷网络社区个案研究 [D]. 南京:南京大学, 2013.

社群中文本生产的活动进行探讨，包括文本内容、生产方式等方面的问题。❶ 伍嘉颖在文本创作的形式和内容的基础上，添加了文本创作的动因和对数字劳工的思考。❷ 综上，目前国内对于 IP 相关的改编创作研究还未经历较长时间的沉淀，研究成果相对较少，有进一步研究和探索的空间。

2.3 LOFTER APP 方向

学术界对 LOFTER 传播以及由此产生的文化现象的研究相对较少。截至 2024 年 5 月，关于 LOFTER 的相关资料，在中国知网（CNKI）仅仅检索到 44 篇相关文献，研究文献的数量对比其他社交软件来说要少很多。研究的问题主要聚焦于网络趣缘群体、商业价值分析和改编创作的受众研究上。在互联网时代，青少年群体所大量使用的网络产品，是需要深入探索和研究的课题。本文以社交 APP LOFTER 为例，分析研究 UGC 视角下 IP 改编创作的特点、动机、困境以及发展建议，希望为其健康发展提供助力。

3 研究方法

3.1 焦点小组访谈法

使用定量的方法（如问卷调查）来统计和了解 LOFTER 的

---

❶ 张萌. 哈利波特迷群在虚拟社区中的文本生产研究 [D]. 南京：南京师范大学，2017.

❷ 伍嘉颖. 国内哈迷的同人文本生产实践研究 [D]. 南昌：南昌大学，2020.

用户，尽管可以迅速地了解用户的态度、行为，并进行数据分析，但调查对象难以在问卷中表达出更多的内容。因此，在某种意义上，定量的方法并不能很好地分析和解释本研究问题。对一些需要深入、丰富的描述和说明的问题，应采取质性研究的方法。本文的研究目标是深入探讨 UGC 模式下 LOFTER APP 内 IP 改编创作动机、平台存在的困境以及未来的改进方向等，所以本文采用了焦点小组访谈的研究方法。即由主持人（研究者）进行组织与指导，由许多访谈对象就与主题相关的若干问题进行讨论并回答问题。讨论可以为研究提供有益的资料和信息，具有解释性和探索性。使用这种研究方法的优势在于小组访谈能够深入研究对象中，让他们之间相互交换意见并相互汲取力量，提供丰富的、深度的描述，深入挖掘出 LOFTER 用户创作内容的真正动机。

3.2 直接观测法

直接观测法是通过直接观察和记录被研究对象的行为、态度等，以期来获取第一手资料的一种研究方法。本文笔者使用自己在 LOFTER 注册时长为 5 年的个人账号，参与平台中 IP 二次创作爱好者的团体中进行实践和交流，共浏览过超 500 篇 UGC IP 文学改编作品，并与其他 IP 改编创作爱好者保持着紧密的联系，寻找最真实的 IP 改编作品创作氛围。同时，通过 LOFTER APP 的点赞、评论、私信等功能与 IP 改编创作者进行互动交流，并加入 IP 改编创作者的 QQ 交流群，关注群内动态，积极参与话题讨论，从而获取经验材料。在 LOFTER 中，IP 改编创作者的作品和爱好者之间的交流资讯，在网络环境中不会受到外部因素的影响,更能反映出一个真实的 IP 改编创作状况。

3.3 个案研究法

个案研究法是指对特定对象进行长期的调查、研究,并对其产生、发展、演变过程进行分析的研究方法。本文使用个案研究法,以 LOFTER 中的 IP 改编创作为研究对象,深入了解这一平台的发展历程和内容现状,对 LOFTER 中的 UGC IP 文学改编创作作品生产动力进行系统研究,在此基础上辅以具体的案例来支撑本文的理论观点,从而分析 LOFTER APP 用户的创作特点、动因、不足,并提出发展建议。

4 研究讨论

4.1 研究对象

关于访谈对象的筛选,本文笔者为了尽可能多样地呈现和获取信息资料,除了联系身边熟知的 LOFTER 用户之外,还通过在 LOFTER 站内以私信、发帖等方式招募访谈对象,保证"焦点访谈小组"内的访谈对象均使用 LOFTER 长时间地浏览 IP 文学改编创作内容,或者自身就是 LOFTER 中 IP 文学改编创作者。经过筛选,最终确定 10 名访谈对象参与本次研究的"焦点访谈小组"进行访谈。访谈对象使用 LOFTER 的时长分布在 2~10 年,且均有生产过 IP 文学改编创作作品,或者有大量浏览 UGC IP 文学改编创作作品的经历。虽在 IP 文学改编创作圈内，但身份上则涵盖写手、画手和读者三类最核心的类别。

4.2 《访谈提纲》的设计

此次《访谈提纲》在参考国内现有各类访谈提纲的基础上，根据本研究的目的和访谈对象，紧密围绕 LOFTER APP 中的 IP 文学改编创作内容生产这一主题层层深入，对提纲内的各个问题进行了精心设计。其内容包括：访谈对象的基础情况、使用 LOFTER 的原因、在 LOFTER 进行 IP 文学改编创作的原因、LOFTER 存在的不足以及希望 LOFTER 未来的改进方向。主持人引导访谈的持续和切题。根据访谈对象提出的观点进行进一步的深入提问，完善《访谈提纲》中被忽略的问题。具体《访谈提纲》的设计，如表 1 所示。

表 1 "焦点小组"所设计的《访谈提纲》

主要问题	探索性问题
访谈对象的基础情况	(1) 大家是什么时候接触到 LOFTER 的？到现在为止，已使用多久了？ (2) 大家看 LOFTER 大概是什么频率？ (3) 大家看 LOFTER 主要是看哪些 IP 改编创作的内容？用 IP 改编创作文学？还是绘图比较多？或者有没有其他的创作形式？
使用 LOFTER 的原因	(1) 大家是出于什么动机，或者是在哪里看到 LOFTER，并且想了解和使用这个 APP 的？ (2) 大家为什么使用 LOFTER 这个 APP 来浏览 IP 改编创作作品？

续表

主要问题	探索性问题
在 LOFTER 进行 IP 文学改编创作的原因	(1) 大家自己产出过的 IP 改编创作的作品,是在哪个平台上发布的呢? 有没有在 LOFTER 上发布过? 为什么? (2) 是什么动力推动着你来进行 IP 改编创作的,会不会因为平台上的流量、数据、粉丝认可而继续产出? 会不会去学习产出的技能来提高自己产出的水平呢?
LOFTER 存在的不足	(1) 大家除了在 LOFTER 上浏览 IP 改编创作作品,还会在哪些 APP 上看呢? 为什么会使用其他 APP 浏览? 是该软件上有 LOFTER 尚不具备的功能吗?
希望 LOFTER 未来的改进方向	(1) 大家觉得 LOFTER 应该更加小众化,还是应该照顾到各个群体,走多元化的道路比较好? (2) 大家认为 LOFTER 还有什么可以发展的地方? 最大的问题是什么? 大家在使用中有没有不满意的地方?

4.3 访谈过程设计

访谈之前向访谈对象介绍研究对象、访谈的目的、用途、基本规则等,并征得所有访谈对象的同意。访谈小组中设有一位主持人,主持人的工作内容包括提出讨论的问题、引导讨论持续进行、解决访谈中出现的其他状况,并且保证访谈的顺利进行。在访谈的最开始,主持人保持中立而亲和的态度,组织、鼓励访谈对象根据《访谈提纲》中的问题发表意见。访谈时长控制在1.5小时内,全程录音,以便于访谈结束后对访谈的结果进行分析。

4.4 资料整理与分析

本文在反复核对和校正后，将文本整理、保存为有条理的会议纪要，提取与本研究相关的内容得出所需资料，用于研究讨论和对研究结果进行分析。

5 研究结论

5.1 LOFTER 中 IP 改编创作的功能特点

5.1.1 个性定制的标签功能

LOFTER 是一个具有强烈个性需求的平台，创作者只有在合适的环境中进行创作，才能产生"主人翁"的感觉，并通过这种创作形式来提升他们在平台上的幸福感。在大数据时代，拥有搜索引擎功能的 APP 会根据用户的搜索结果更准确地找到相关词条，LOFTER 就是其中之一。在 LOFTER 上设置"标签"是不需要提交申请的，在用户创建了标签后，其他用户就可以在发布作品时添加这个标签。最先申请这个标签的用户并不会成为管理员，标签内的创作者地位平等，后来者可以在这个标签上进行搜索，然后再利用这个标签发布自己的 IP 改编创作作品，为标签下的内容"添砖加瓦"。同时，LOFTER 并没有限制用户在发表作品时可添加的标签数量。由于 IP 改编作品所携带的标签大都与原作品有关，所以添加多个与作品相关的标签可以在某种程度上实现良好的引流。多个标签的使用方便了用户在浏览不同的标签时，可以及时地查看最新的内容。该功能可以让用户更好地了解作品的内容，扩大作品的影响，使其垂直细化。

5.1.2 简洁明了的内容分区

为方便 LOFTER 用户快速了解创作的改编作品的状况，LOFTER 在其主要的标签功能中设置了三个部分：最新、热门、榜单。"最新"是按照发出时间的先后次序来划分的排序，"热门"指的是某个时期内作品热度的排序，"榜单"则是按照日、周、月的时间跨度以及"喜欢数"的高低来排序。有对比其他 APP 更喜欢使用 LOFTER 的访谈对象表示，其他 APP 的顺序十分的混乱，但是在 LOFTER 就有明显的分区，没有太多其他因素的干扰，可以专心地看 IP 改编作品。

访谈对象 J："其他 APP 有很严重的顺序问题，还有些时候帖子发不出去，而且站内生态不好，有很多人在其中'口嗨'，还有一些卖二手物品之类的信息，但是 LOFTER 就都是改编作品，内容比较纯粹。"

访谈对象 F："这个 APP 不像其他 APP，如果要去其他 APP 看一些 IP 改编创作作品，就要在其他功能里去找，但是其中不仅只有 IP 改编作品，而且还有很多粉丝讨论的东西，信息很多很杂，对比而言 LOFTER 的分区功能比较方便。"

5.1.3 友好双向的互动形式

因为 LOFTER 的作品都是以 IP 的文学改编创作内容为中心，所以大部分用户的交流都围绕着 IP 改编作品，在其中最常见的活动就是发表作品、欣赏作品和点赞作品。在访谈过程中，有很多访谈对象都表示自己使用 LOFTER 进行 IP 改编创作的原因是 LOFTER 平台的生态环境更为友好，无论自己产出的内容质量是否足够高，都可以收获到鼓励和欣赏。

访谈对象 G："在 LOFTER 上，我主要从事改编文章的创作。我发现自己在这里能够结识到与我志趣相投的朋友。我们通过彼此的作品感受到一种深刻的共鸣，仿佛在说：'原来有人理解我。'然而，在其他 APP 上，我似乎难以找到与我品位相匹配的朋友。这可能是因为我所喜爱的 IP 较为冷门，没有具有较强号召力的粉丝群体来聚集同好。幸运的是，在 LOFTER 上，无论我所喜爱的 IP 多么冷门，我总能在相关话题下找到兴趣相投的朋友。在这样的创作环境中，即便我的作品不尽如人意，也会得到他人的鼓励和支持，这让我感到非常温暖。"

读者与创作者的双向互动，是 LOFTER 持续生命力的一个重要因素。创作者在看到自己的作品被人点赞、推荐、分享时，会有一种强烈的成就感，从而会产生更大的动力去完成新的改编作品。

5.2 LOFTER 中 UGC 创作的动因

5.2.1 较低的准入门槛

网络 IP 改编创作的繁荣与互联网技术的普及密不可分，技术的发展极大地降低了 IP 改编创作的门槛。一方面，通信技术的发展为 IP 改编创作提供了更多的资源。不仅可以方便地搜索到以前很难收集到的创作技巧，而且也可以在网上公开的课程中学习绘图、剪辑、编程等技能。一些经验丰富的创作者会将自己的技能、经验，都分享给平台中的新手创作者。另一方面，LOFTER 为乌托邦式的创作提供了一个推动力。在社交媒体平台上进行 IP 改编创作的传播和协作变得简单，LOFTER 用户仅需在手机上输入少量的资料，便可完成账号的注册。创作者在发布内容时会受到篇幅限制，并且作品结尾设置了"一键三连"——点赞、转发、收藏。方便了读者们的交流，同时也给更多的潜在用户带来裂变（由一个用户扩散到很多个用户的变化）的可能性。

5.2.2 强烈的群体归属感

在个体认同群体成员身份的价值时，会更容易对群体有归属感，并支持群体内部的各种行动。当其忠诚度提高后，其参与团体活动的动力也会增加。[1] LOFTER 鼓励粉丝建立自己的"内容社群"，在社区内部建立共通的意义空间，在外部划分壁垒，粉丝群体的群体认同和归属感得到了加强。LOFTER 还举办过很多相同爱好者的线下主题聚会，为创作者提供创作激励资金，这些都是其他渠道无法比拟的优势存在。LOFTER 让用户更贴近自己热爱的 IP，并将流量和关注度赋予创作者，让他们更积极地创作。LOFTER 不仅承认创作者自身的价值，而且还把用户的消费权转换成了生产意识，从而形成了 IP 改编创作内容的稳定生产。

---

[1] 许靖. 想象的乌托邦：社交媒体平台中的同人创作研究 [J]. 新媒体研究，2022，8（11）：101-104.

5.2.3 弥补IP原著中失落情绪

在LOFTER中，很多访谈对象表示，自己进行改编创作的原因是原作品的结局不是自己所希望的。有的访谈对象表示，希望自己所喜爱的原作品角色能有一个美好的结局。在这种情绪的驱使下，IP改编创作者就会自发地创作符合自身期待的改编作品，有的创作者会用时间回溯的方式来重写IP角色的故事和结局，有的创作者会设定平行宇宙来改编剧情，以此弥补读者在阅读和观看原作品时的遗憾，同时也为他们营造了一个与原作品截然不同的"平行世界"。虽然创作者和读者都知道，他们二次创作的改编设定并不是官方设定，但他们却能以游戏的心态去享受和交流。

5.3 LOFTER中IP改编创作面临的困境

5.3.1 聚合式平台转型削弱特色

虽然LOFTER深受IP爱好者的欢迎，但也存在很多问题亟需改进和解决。现在的LOFTER除增添问答区、视频区、平台推荐区之外，还新增"直播"功能。突然出现的功能，使用起来也更加困难。LOFTER最早推出的是最容易让创作者接受的文字与图像的创作方式，而现在，交流区、视频区等各种功能的涌现，使得APP的内容变得更加碎片化。经过几次的升级，原来以文字和图片为主的创作平台，已经类似于其他社交软件，丧失了原有的特性。在访谈中，很多访谈对象表示，新增的视频区在推送方面的算法显然并没有做到精准推送，很多用户不喜欢看的内容也会被推荐到用户眼前。

访谈对象 C："现在 LOFTER 上也有短视频，可能我一开始点开是因为我看到关注的作者发布了短视频，我就想点进去看。视频播放完之后，会自动播放下一个视频；如果一直观看，我就发现像抖音一样，其中也有一些营销号。我不明白 LOFTER 搞短视频和其他短视频 APP 的区别在哪里。倒是也能刷到一些感兴趣的内容，但是有一些综艺片段也存在，如果什么内容都在 LOFTER 短视频上，我会觉得 LOFTER 和其他短视频 APP 没有什么区别，还会降低我使用 LOFTER 的观感。"

内容的丰富固然可以吸引新的用户，但是其原有功能的弱化也会对原有的用户群体造成一定的影响。从 LOFTER 自身的运行情况来看，由于平台的不断升级和功能扩充，使得 LOFTER 在某种程度上失去了原有的特色。

5.3.2 创作者的创作体验未得到重视

目前，创作者面对着限制流量、锁帖等问题。有些创作者的作品本来有上万的点击量，但因为限制流量而突然变得无人问津，这会影响到他们新作品的点击量，有时甚至连 1000 都不到。LOFTER 是一个基于兴趣的创作平台，如果缺少阅读量和读者的反馈，那么创作者就会丧失创作的积极性。

创作者在 LOFTER 写作时比较烦琐，会让创作者感到很不方便。在访谈中，一位资深的 LOFTER 创作者表示，对平台内编辑文字时的段落设计很不满意，总是需要手动来调整行间距。

访谈对象 H："平台应该设置一个自动排版的功能，现在的行间距太密了。读者不喜欢看行间距很密的版面，排版其实会影响到作品的浏览量，如果我不排版，读者就会不想看。用手机写文章的时候觉得特别费力，有时候懒得弄就不弄了，写完了放在草稿箱里，但是不会发。我认为 LOFTER 应该设置自动排版功能，现在太费力了。"

5.4 LOFTER 的未来发展建议

5.4.1 优化站内生态，深挖创作需求

亚文化伴随着网络传播时代的来临和网络应用门槛的不断下降而逐步火热。"出圈"已成为一种新的文化现象，新一代青年在文化喜好、创作和消费方面出现了多元化选择。如今国内的 IP 市场发展壮大，其中 IP 改编创作者和爱好者的数量也在增加，人数增加难免会有不同于以往的声音出现。尤其是在 LOFTER 不断升级后加入了许多新功能，涌入许多新用户，但是在扩展用户时也需要注意对老用户的维护，通过优化站内生态来给创作者提供一个舒适的创作环境尤为重要。首先，LOFTER 可以定期发布调查问卷来调查创作者的需求。其次，建立反馈机制，让创作者可以向平台表达他们的意见和问题，以便平台能更加准确地了解创作者的建议并作出相应的改进。最后，LOFTER 可以通过改进内容推荐算法来让创作者的作品垂直地投送给目标用户，利用算法可以根据用户的喜好、历史浏览记录和交互行为等信息，推荐与其兴趣相关且符合其创作需求的内容，带给 IP 改编作品更多的浏览量和点赞收藏数据。

通过优化站内生态并深挖创作者需求，LOFTER 可以打造一个更加活跃的和有吸引力的内容创作平台，吸引更多的创作者加入，并为用户提供优质的创作内容。国内此类创作平台稀缺，LOFTER 应该维持站内友善交流的良好生态，以此保持优势地位。

5.4.2 完善激励体系，提高用户创作热情

LOFTER 平台应完善自身的创作者激励体系并提高创作者的创作热情，以此来保持平台内容质量和活跃用户人数。激励机制可以设置多个板块，从创作者的不同需求出发，如创作奖励的需要、挑战和竞赛的需要、资源支持和指导的需要、与其他创作者合作的需要、参加线下活动的需要等。通过访谈和网络资料，很多创作者表示，在 LOFTER 上产出文章完全是因为热爱，本身并不能获得多大的利润，平台应该针对这种现象建立创作激励机制，通过广告分成、付费订阅等方式，根据作品的质量、数量、获得的互动等指标设定奖励标准，给予优秀创作者提供相应的奖励和一定的经济回报，如积分、虚拟货币或礼物等，激发其创作热情。

平台也可以定期或不定期举办各种创作挑战和竞赛，鼓励用户积极参与。挑战可以涵盖不同的创作主题、形式和难度级别，给用户提供展示自己能力的机会，并提供奖励给表现出色的创作者。还可以加入"联合创作"功能，给用户之间提供合作的机会，增加参与度。

平台还可以定期举办线下的创作活动，如创作沙龙、展览等，为用户提供真实的交流和展示机会，增加用户的互动和归属感。最后，加强版权保护也是众多创作者希望看到的。LOFTER 应该加强对创作者版权的保护，确保创作者的作品不被侵权或盗用。通过以上措施，LOFTER 平台可以建立起一套完善的激励体系，提高创作者的创作热情和参与度，吸引更多优秀的创作者加入平台，让整个平台的创作氛围更加友好活跃。

… 第三篇　APP 时代的用户行为与社会化交往

自我呈现视角下"90后"微博用户的自我消除行为探析

李 瑶

1 青年用户媒介交互活动特征

在移动互联网空间中,社交媒体平台已经成为用户进行社交、自我表达、获取资讯、在线阅读以及建立线上人际关系等活动的重要场所。当下,各种类型的社交媒体如抖音、快手、小红书、新浪微博、微信等平台的显现,社交媒体已经在用户的日常生活中扮演着越来越重要的角色。

新浪微博是用户实时更新并公开发布的简短文本的博客形式,也是一种新兴的网络传播媒介,现已在国内外得到了广泛的应用。新浪微博于 2009 年推出,2014 年改名"微博",并以"随时随地分享新鲜事"为理念,2016 年之后,其取消 140 字的字数限制,用户可以发布 140~2000 字的微博内容,赋予了用户更大的灵活性和主动性。到 2022 年年底,新浪微博月活跃用户数量达 5.86 亿,日活跃用户数量达 2.52 亿。新浪微博使用群体主要集中在一线、新一线城市的 35 岁以下人群，新浪微博用户正呈现年轻化趋势发展，成为我国当前拥有较大流量的社交媒体平台之一。

作为互联网原住民，"90 后"互联网用户见证了中国大众传播方式的数字化转型历程，时至今日，互联网络已渗入"90 后"网络用户的生产、学习、娱乐和消费等多元活动场域，并将其数字技术逻辑嵌入该类活动中，对其产生深刻影响。因此本文将把"90 后"数字用户作为主要研究对象。

数字媒体让人与人之间的交往不再依赖具身传播，这让个人的身份线索逐渐模糊。在这种情况之下，用户可以在社交平台上有效管理他人对自我形象的印象。例如，个人账户的昵称、头像、日常发布的内容、关注的用户和兴趣领域等，以此来呈现一个理想的自我，管理他人对自我的印象。但是，越来越多的用户在使用社交媒体时出现倦怠情绪，在印象管理时以自我消除代替自我呈现，本文将着力分析研究这一现象背后的原因。

2 技术赋权下的自我呈现异化

2.1 印象管理迭代：从自我呈现到自我消除

戈夫曼的"拟剧理论"认为，人类主体的社会化生存活动可视为在他者群体面前的表演。在不同情境中，每个人都会扮演符合当下情境的角色，以符合社会规范和他人期待。对于他们而言，正在扮演的角色是其最重要的角色，他们声称具有或被赋予的品性是他们最为本质和特有的品性。❶ 在早期有关自我呈现的研究中，考虑的都是面对面的具身传播，即人们在同一时空场域内，通过语言或非语言符号表演和呈现。霍根表示，互联网中的自我呈现已经从一种舞台表演（performance）变成了一种"自我"的展览会（exhibition）。❷ 所以在社交媒体中，自我呈现更接近于一种陈列。❸

社交媒体上的自我呈现打破了时空的限制，也就更加模糊了"前台"与"后台"的界限，用户在做印象管理时，不仅会通过主动的自我呈现来塑造形象，而且还可以通过消除来隐藏某些特点。"消除"是指人们通过物理距离或信息披露意义上的撤回和退缩，来实现自我隐私保护的行为。❹ 目前，学界对自我消除行为的影响因素研究主要从宏观文化和微观个人两个层面考究。从宏观文化层面来看，受不同文化影响，每个人的信仰、交往方式和习惯等各有所异，因而文化是影响自我隐私保护的主要因素之一。❺ 当一个社会的不确定性回避程度越高，那么在这个社会中的个人也就越有可能采用积极的自我消除行为。❻ 从

---

❶ 戈夫曼. 日常生活中的自我呈现［M］. 冯钢，译. 北京：北京大学出版社，2008.

❷ HOGAN B. The Presentation of Self in the Age of Social Media：Distinguishing Performances and Exhibitions Online［J］. Bulletin of Science，Technology&Society，2010，30（6）：377-386.

❸ 董晨宇，丁依然. 当戈夫曼遇到互联网——社交媒体中的自我呈现与表演［J］. 新闻与写作，2018（1）：56-62.

❹ WESTIN A F. Privacy and freedom［M］. New York：IG Publishing，2015.

❺ PETRONIO S. Boundaries of Privacy：Dialectics of Disclosure［M］. New York：State University of New York Press，2002.

❻ PETRONIO S. Boundaries of Privacy：Dialectics of Disclosure［M］. New York：State University of New York Press，2002.

微观个人层面来看，在社交媒体等数字场域下，用户可以采用事前消除，即可见性设置、好友分组等方式，选择性地进行自我披露；除此之外，用户还可以通过事后消除，主要指个体在社交媒体上主动删除数字信息，降低好友可见性等行为。❶ 这类行为通过消除过去的网络社交痕迹和自我呈现特征，可以被当作塑造新的自我的行为，即个体的重塑行为。用户在印象管理时，会凭借自己的主观感受来判断、评估自我呈现的风险和威胁，进而产生披露或者消除的行为。而用户的消除行为也正是一种反向自我呈现。

2.2 广场式媒介：新浪微博的多重功能

新浪微博作为一款"老牌"的弱关系连接下的社交媒体，突破了传统媒体的限制，具备交互性、及时性、平等性、公共性等特点，一些国内外重大事件也会在第一时间登上微博热搜，博得网友关注、参与和讨论。同时，凭借广场式社交媒体的优势，逐渐成为用户对公共事件发表自我见解的重要渠道，越来越成为用户意见、网络舆情展露的重要平台。刘自强等人基于 LDA 模型，归纳总结了新浪微博平台自 2020—2022 年的网络舆情热点话题，发现家庭生活、情感关系、社会事件、体育运动、娱乐综艺、疫情防控和国际关系七大话题是这三年内的网络热点话题。❷ 张柳等人在研究中发现，用户是新浪微博舆情生态的重要窗口，在大数据时代，只有加强大数据和人工智能技术的

---

❶ 董晨宇，段采薏. 反向自我呈现：分手者在社交媒体中的自我消除行为研究 [J]. 新闻记者，2020（5）：14-24.

❷ 刘自强，岳丽欣，冯志刚. 多维度视角下我国网络舆情热点话题演化特征研究 [J]. 情报科学，2023（6）：1-13.

综合应用，才能促进舆情生态的良性发展。❶ 张爽爽认为，网络舆情事件处于网络与社会的双重环境之中，网络环境、网络舆情事件以及用户都是构成网络舆情的关键节点。而新浪微博作为网络传播媒体、网络舆论的聚集地，微博用户的行为是影响网络舆情走向的重要因素。❷

互联网时代，新浪微博等社交媒体是用户进行人际交往的主要平台。王小芳在研究中发现，用户在使用新浪微博中呈现多面体的特征，一方面，会主动进行自我操控，进行积极的自我建构；另一方面，又担心隐私泄露，害怕"圆形监狱"，产生社交媒体倦怠，进行消极的自我解构与逃避。❸ 王晓光通过对新浪微博用户社会网络分析后指出，用户使用行为也容易陷入特定主题交流社区，关注对象通常集中在特定的核心微博上。❹ 徐翔等人通过研究用户的个人资料和发帖内容发现，用户在最初接触新浪微博时发布的内容较为独特化和异质化，而随着对新浪微博使用程度的加深，用户会减少内容的独特性和个性化差异，增加与他人的相似性，同质化现象越发明显。❺ 臧国全等人在分析用户的自我披露意愿时，通过爬虫技术获取用户自我披

---

❶ 张柳，王晰巍，李玥琪，等. 信息生态视角下微博舆情生态性评价指标及实证研究［J］. 情报理论与实践，2022，45（3）：35-41.

❷ 张爽爽. 网络舆情治理机制研究——以新浪微博为例［J］. 视听，2020（6）：208-209.

❸ 王小芳. 自我的建构与解构——青年群体在微博中的自我呈现研究［J］. 视听，2021（7）：157-158.

❹ 王晓光. 博客社区内的非正式交流：基于网络链接的实证分析［J］. 情报学报，2009，28（2）：248-256.

❺ 徐翔. 微博媒介使用中的用户趋同化现象与路径——基于新浪微博用户的实证分析［J］. 北京理工大学学报（社会科学版），2021，23（6）：176-187.

露的历史数据，根据新浪微博数据特征发现，用户的自我披露意愿和程度受发布文本的语义内容特征、位置标签特征和新浪微博数据权限的影响。❶ 靖鸣和周燕认为，用户在新浪微博上的表演行为是新型的自我呈现方式，而陌生观众的加入也带给微博用户塑造理想自我形象更大的自由度，同时也认为这种表演行为并不是一种独立的自我呈现形式，它与现实生活中的表演行为紧密相连、相互影响，共同为个体的形象构建奠定基础。❷

基于上述文献梳理，发现在新浪微博的现有研究中，研究者们主要关注了用户表达、网络舆论生成和用户媒介社交等领域，并通过论证得出了相关结论。一方面，新浪微博越来越成为事件曝光和讨论的重要场域，用户的行为也影响着网络舆论的发展趋势；另一方面，用户在新浪微博进行印象管理时，产生了媒介倦怠情绪，自我呈现行为渐显异化倾向。自我消除行为越来越成为用户印象管理的重要举措，用户从主动自我披露塑造个人形象，到消除、隐藏自己数字形象的行为转变也是一个值得研究的学术问题，但促成这一转变的影响性因素尚为空白。因此，本文聚焦新浪微博用户印象管理中的"自我消除"行为，企图深入探析用户从自我呈现到自我消除的印象管理行为转变的深层次因素，并期望在社交媒体倦怠情绪下，为自我呈现理论的异化完善提供价值。

---

❶ 臧国全，孔小换，张凯亮，于政杰. 社交网络用户自我披露意愿研究——以新浪微博为例 [J]. 图书情报工作，2021，65（16）：90-97.

❷ 靖鸣，周燕. 网民微博表演：基于自媒体平台的自我理想化呈现 [J]. 新闻大学，2013（6）：118-122.

3 研究方法

本文的研究采取半结构化访谈的方法，对 15 名不同年龄、职业的新浪微博深度使用用户进行了访谈与观察。首先，通过对身边人在新浪微博中的使用行为和习惯进行观察。其次，在观察对象中招募访谈对象，并请其介绍其他访谈对象，再通过线上语音访谈的形式，对不同社会身份用户的自我消除行为进行研究。

本研究的访谈对象一共选择了 15 位 90 后青年用户，分别进行了 30~60 分钟的访谈。这 15 位访谈对象中有 10 位女性用户和 5 位男性用户，并且这 15 位用户的新浪微博使用时间均超过了 5 年，所有访谈对象都曾在社交媒体平台上有过自我披露的行为，在新浪微博上留下了自己的地理位置信息、个人外表特征等身份线索。访谈对象基本情况，如表 1 所示。

表 1 访谈对象基本情况

编号	性别	年龄/岁	职业	微博使用时间/年
S1	女	23	应用化学专业学生	10
S2	女	23	服装设计从业者	7
S3	女	31	个体户经营者	11
S4	女	27	医学专业学生	10
S5	男	32	国企工作者	11
S6	女	24	中医养生专业学生	9
S7	男	28	计算机从业师	8

续表

编号	性别	年龄/岁	职业	微博使用时间/年
S8	女	22	历史专业学生	8
S9	女	23	新闻专业学生	7
S10	女	26	银行工作者	10
S11	男	24	金融专业学生	8
S12	女	24	金融专业学生	9
S13	男	23	初中化学教师	9
S14	男	25	企业出纳从业者	10
S15	女	23	法律专业学生	9

4 自我消除行为特征

通过访谈以及对访谈资料的归纳、整理，研究发现，访谈对象在关注好友方面具有一定的相似性，访谈对象均愿意更亲密的好友关注自己的新浪微博账号，并且不希望有过多好友关注自己的账号，访谈对象均表示，这样会给他们的自我表达带来压力和限制。除此以外，本文总结得出了访谈对象的自我消除行为具有以下三点特征。

4.1 限制前台：人为隐藏的神秘化表演

新浪微博给予了用户构建新型人际关系的空间，从而扩大了用户社会资本的积累，也更加模糊了自我呈现中前台与后台的边界。社交媒体平台消除了个人的身份线索，用户以匿名的形式在平台上表演。此时，前台的展演既可能是个人按照策展进行的表演，也可能是后台行为前台化的真实自我呈现。但当个人通过新浪微博进入了一个新的数字社交圈时，会倾向于消除过往的一些痕迹，进而获得新加入群体的认同感。

访谈对象 S8 热衷于追随偶像明星，在她使用新浪微博的 8 年间，交替欣赏追随了三位明星。每当进入一个新的粉丝圈时，她都倾向于消除之前粉丝圈的相关信息，以便融入新的粉丝圈。而访谈对象 S10 有一段时间很多其他用户点赞她之前发布的评论，使其害怕个人账号被其他用户过多关注，所以产生加速消除过往使用痕迹的行为。

在社交媒体演进的过程中，用户在社交媒体平台上的自我呈现也经历了"匿名化—实名化—再匿名化"的变化特征，而"真实身份"和"虚拟身份"之间的关系也是自我呈现特征的主要线索。访谈对象 S11 初入职场，担心自己新浪微博发布的内容会影响同事对自身的印象，所以就把很多内容删除，或者设置访问权限为仅自己可见。通过自我消除，能够最大限度地减少自我信息的披露，缩减前台的范围，进一步厘清前台与后台的边界，在减少语境坍塌风险的同时，也能维护自己在数字前台的理想化表演，避免表演崩溃。当用户有进入新社交圈可能性时，就会去隐藏或消除之前所展示的部分个人形象，使之无法被标签化，继而增加个人的神秘感。

4.2 自我迭代：寻求认同的痕迹消除

吉登斯的研究把自我与他人、社会以及不断变化的环境联系起来，将自我认同定义为"个人依照其自身经历"形成的

"反思性理解中的自我",认为自我认同蕴涵着个体自我反思性和建构性,使个体将自身的"过去、现在和将来"作为一个整体进行思考和关联。❶人们会通过改变外貌、社交圈子、社交活动、生活目标甚至是价值观念等手段而进入新阶段的生活。

数字痕迹作为一种经验向人们展示着有机生命体同环境之间的全部生长历程,承载着个体的回忆与情感。伴随着个人的成长,个人也会不断更新自我认知,并且会产生消除自己留下的数字痕迹的行为。访谈对象 S13 表示,回顾自己在生气时发布的内容,会觉得不理智,想通后会将这类内容删除。从自我审视的角度来看,自我消除行为本身蕴含着自我蜕变。用户在新浪微博发布的内容,受众可以通过展演者在前台陈列的图片、文字、视频等信息,拼凑、想象展演者当时的心路历程,从而形成展演者的人物形象。访谈对象 S1 谈到,他最开始使用新浪微博是在初中时期,总是会转发很多东西。现在看着就觉得很幼稚,会删除初中时期发布的内容。

对于另外一些受访对象而言,隐藏也并不代表是否认过去的自我,而更偏向于将过去某一阶段的自我收藏起来,进行告别。这种消除行为并没有功利性含义,访谈对象 S4 会时不时翻看仅自己可见的微博内容,从微博内容的更替中她也更清晰地感受到自身的变化与成长。认同是极具主体性内涵的概念,更是主体寻找自我、反思自我、接纳自我的意识活动,是贯穿人生命过程的一种自觉思考。个体对自己的认知不仅依赖于他人的"承认",而且更取决于自我的"承认"。人们在数字社交圈

---

❶ 赵娅维. 社交媒体中"复数"人设现象研究[J]. 新闻研究导刊, 2023, 14(12):13-15.

中选择消除隐藏的个人痕迹，既是避免他人对自身的误判而导致的"非承认"，也是欣然承认自我、接纳自我的表现。

4.3 自我保护：数字陈列下的隐私风险规避

根据保护动机理论，当面对行为可能导致的负面结果时，主观而非客观的威胁评估是决定行为的驱动因素。从微观视角出发，社交媒体的使用成本通常包括感知到的隐私风险、用户对隐私的关注等，而收益则包括社交媒体使用动机、社会成本、自我效能等。当用户在感知到披露个人隐私带来的风险超过收益时，将会倾向于消除或隐藏私密信息。访谈对象 S15 表示，自己有 2 个新浪微博账号，其中一个账号发布的内容比较多，都是记录自己生活的。他建立这个账号的原因就是另一个账号里面互相关注的人太多。随着另一个账号粉丝的增多，情况复杂，他害怕被过度关注，就不想在原来的账号中发布太多的内容。数字技术不仅通过关注行为、浏览记录、搜索记录等监控着用户的媒介使用习惯和选择偏好，就连用户发布的内容也存在着暴露个人真实信息等隐私的风险。

新浪微博最初上线时期，引发了年轻用户群体的注册与使用热潮。媒介技术的更迭，降低了媒介使用和信息发布的门槛，打破了传统的个人展露自我的方式，新浪微博被当作记录生活的工具。而最初新浪微博的互相关注列表集中在强连接好友关系中，用户主动选择通过图片、视频等方式在微博公开分享行程、共享实时位置，在展示生活的同时构建和维持社交关系。访谈对象 S3 是从 2011 年就开始使用新浪微博的，当时互相关注的都是现实生活中关系很好的朋友，她每天发布多条内容，尤其是记录一些恋爱日常，大家都会相互点赞、评论。

新浪微博的社交属性以弱连接关系为主，强连接关系为辅，用户可以避免受限于现实生活的熟人圈子。但是发布在社交平台中的每一条信息随时随地都可能通过关键词被检索、搜集，加之大数据推荐，"发现你身边的好友""打开通讯录检索好友"等功能向现实生活的好友推荐个人账号。一方面，会加剧第三方平台对用户自身信息的泄露，从而破坏用户的匿名身份。另一方面，用户的现实人际关系存在被公开和被传播的可能，用户的虚拟社交与现实社交融合的程度加深，更加影响并限制用户在社交媒体上的自我呈现，为了自我保护而更倾向于在社交媒体中选择自我消除。访谈对象 S9 表示，自己意外看到了高中同学的账号，通过查看其微博就感觉把他的大学生活了解了大半，她感觉很害怕自己的账号会同样被其他老同学看到。因此，不想让现实生活中的人查看自己在新浪微博中的内容，就会在更大程度上导致用户通过"仅好友可见"等方式减少个人信息的公开展示，从而做到在新浪微博公共场域中的自我消除。

5 结　语

自我呈现是个体通过积极的表演，来让他人看到个体具备的某方面特征，从而有意识地管理他人对自我的印象。但在社交媒体中，自我呈现的途径是通过发布数字痕迹来实现的。数字痕迹可被视为一种个体的数字产物，一旦被积累，就会慢慢成为个体数字身份的一部分，而社交媒体赋予用户通过删除或隐藏的方式将这些数字痕迹消除的权力，然而这是具身印象管理活动中无法实现的。因此本文认为，自我消除是在媒介技术进步的条件下，赋予用户的印象管理权力。在社交媒体新兴发展的时期，用户倾向于积极的数字自我呈现、自我披露，以此来记录、分享个人生活；而随着社交媒体对个人生活的持续渗透，用户会出于形象管理、自我迭代寻求认同和自我保护的考量，对自我披露逐渐呈现出倦怠的心理倾向，更愿意消除一些身份线索和数字痕迹，通过反向自我呈现的方式，进行神秘化表演，来塑造个人形象。总的来说，数字痕迹的自我消除并不能完全解决用户担忧的所有问题。如何能够满足用户在数字社交情境中自我呈现需求，同时保障用户的展演自由与隐私安全，这是数字时代下值得我们深思的问题。

扎根视阈下匿名社交价值探析
——以 Tape APP 为例

鲁月嘉

1 前言

2018年年底，Popi 提问箱以微信公众号的形式开始投入运营，2020年年初正式推出 APP 版本，同年8月，其微信公众号宣布停止运营。2021年11月，Popi 提问箱更名为 Tape 小纸条，继承数据库并以 APP 形式上线。相较于其他匿名社交软件，"熟人+匿名"的半匿名社交模式是 Tape 的特色之一。截至2022年年底，Tape 的下载量已超800万次，其中95后用户占其用户总量的80%。

Tape 主要围绕三大功能进行运营：主页展示功能，类似于虚拟社交社区，用户通过主页进行个人分享，陌生人或好友都可获取用户个人动态；频道小组功能，用户可以根据个人兴趣创建或加入话题社群，并与其他社群小组成员进行话题互动；提问箱功能，提问箱功能为 Tape 软件最为核心的功能，用户可以通过分享链接到微信朋友圈、微博、QQ 等第三方社交平台发布提问箱，或生成提问箱卡片来获取匿名提问，或收取其他人对自己匿名问题的回答，非 Tape 的用户也可以点击链接围观提问箱主人已回答的匿名提问。本文主要以 Tape 的核心功能——匿名提问箱功能为主要研究对象。❶

2　匿名社交文献综述

2.1　国外研究

匿名社交可追溯至 20 世纪 90 年代，1995 年上线的 Match.com 网站，就已经初步实现了匿名化社交，用户能在平台搭建的公共空间内隐匿真实身份与陌生个体进行社会化交往。2003 年，匿名社交网站 4chan 上线，也为用户提供了匿名发帖以及匿名评论的平台。❷

匿名社交在国外最先出现，因此国外对于匿名社交的研究也早于且丰富于国内。截至 2023 年 11 月，在 Web of Science 以"Anonymous social media"为关键词进行检索，显示结果共 2000 余篇，其中，传播学研究领域相关文献共 300 篇左右，大部分为针对网络匿名性进行的研究，针对某个匿名社交软件或网站的专门研究大多集中在 2010 年。

国外文献对于匿名社交应用的研究以互联网发展阶段为节点

---

❶ 高涵. 匿名社交软件"使用与满足"实证研究——以 Popi 提问箱为例[J]. 传媒论坛, 2021, 4 (14): 9-11.

❷ 宋笑笑. 匿名社交 APP 用户使用意愿与行为研究——以 Soul 为例[D]. 济南: 山东大学, 2023: 5-9.

区分为 Web 1.0 和 Web 2.0 两个阶段。在 Web 1.0 阶段，BBS、聊天室等应用为用户提供匿名添加好友并构建匿名网络群体的功能，完成了早期用户的积累。在此阶段的研究主要集中于相关应用对用户行为和心理的影响。拉斐尔等人调查研究了 BBS 用户的应用使用动机及其讨论话题，对 BBS 的媒体特征进行了探讨。❶ 也有学者将 BBS 作为研究对象，探究用户网络成瘾问题，并对用户的使用行为及其使用过程中的愉悦感进行研究。❷ 在 Web 2.0 阶段，由于社交媒体及应用功能的丰富，匿名社交向多样化发展，这一阶段的研究大致以 2014 年为时间节点，2010—2014 年基本集中于对匿名社交网站进行研究，2014 年后主要针对匿名社交软件进行本体研究。如伯恩斯坦等人对国外最早的匿名社交网站之一的 4chan 进行文本分析，麦肯齐等人对地缘性匿名社交软件 Yik Yak 以量化方式进行研究，对于匿名社交方式及其内容发布对大学生用户的影响进行讨论。莎伦等人基于 Secret 对匿名社交网站的使用群体进行了分析，并提出需要解决的问题及其日后的发展机遇。❸ 此外，也有学者以 Whisper 为研究基础，通过其用户大数据对匿名社交软件的用户特征进行文本分析。

---

❶ RAFAELI S. The Electronic Bulletin Board: A Computer-driven Mass Medium [J]. SocialScience Micro Review, 1984, 2 (3): 123-136.

❷ CHOU C, CHOU J, TYAN C N. An Exploratory Study of Internet Addiction, Usage and Communication Pleasure [J]. 1998.

❸ MCKENZIE G, ADAMS B, JANOWICZ K. Of Oxen and Birds: Is Yik Yak a Useful New Datasource in the Geosocial Zoo or Just another Twitter? [C] //Proceedings of the 8th ACMSIGSPATIAL International Workshop on Location-Based Social Networks, 2015: 1-4.

2.2 国内研究

自 2014 年以来，匿名社交软件的使用成为热潮。同年，360 移动互联网 APP 发布《2014 年 Q2 移动互联网 APP 分发行业报告》指出，2014 年上半年仅 3 个月内，就有 20 余款匿名社交软件开放运营。匿名软件在我国的软件市场中引发较大关注，对于匿名软件的使用也成为热潮。国内学者对于匿名社交软件的关注也随之开始。自 2015 年开始，国内学者对于匿名社交的研究主要集中于匿名社交软件的概念归属、使用与满足研究、社交模式研究、现存问题研究以及匿名社交发展策略研究等方面。

刘昕瑶认为，不强制要求用户进行实名认证，只需要用户以虚拟昵称为代号的软件即可称为"匿名社交软件"[1]。焦晓洁详细梳理了国内匿名社交软件的发展现状，并得出国内匿名社交软件的用户使用心理机制，包括情绪宣泄、窥私欲望、客观分析、匿名效应四大机制。还针对目前国内匿名社交软件发展中存在内容抄袭、用户黏性不足、产品功能不完善等问题提出有关对策及建议。[2] 刘莹、李佩珊等人以无秘 APP 为例，基于"新媒体权衡需求理论"，从"熟人"+"社交"传播模式角度，研究该传播模式下匿名社交传播的用户满足，包括满足"表演"和"偷窥"的双重心理，寻求群体认同和情感宣泄。[3] 王赛从

---

[1] 刘昕瑶. 匿名社交软件对大学生社交活动的影响 [J]. 大众文艺, 2019 (15): 255-256.

[2] 焦晓洁. 国内匿名社交 APP 发展研究 [J]. 青年记者, 2015, 508 (32): 62-63.

[3] 刘莹, 李佩珊. "熟人"+"匿名"社交传播模式探析——以"无密"APP 为例 [J]. 新闻战线, 2016 (5): 125-127.

"树洞文化"的角度切入,探讨"树洞文化"发展流行现状背后类似宗教或信仰仪式的精神基础分析。高涵基于"使用与满足理论"框架对匿名社交软件的使用动机进行探究。❶

综合国内外研究现状来看,对于匿名社交概念分类、匿名社交的"使用与满足"研究较为充分,其中对于匿名社交软件本体运营及使用方面的缺点和不足也进行了延伸和阐述,形成了对匿名社交软件的基本认识和研究框架。但当前有关匿名社交软件的实证研究较少,且缺乏较为系统的研究成果,对于匿名社交软件使用与运营过程中存在的问题也未总结出较为系统且具体的对策与建议。就匿名社交的种类而言,当前对于匿名社交软件的研究主要集中于纯匿名式的交友平台,对半匿名式的社交软件或"熟人"匿名社交软件及其互动行为研究较少。

本文在梳理和参考以往研究的基础上,主要聚焦于"半匿名"的社交平台,在分析半匿名社交平台的用户使用动机外,对半匿名社交平台的使用价值进行探析,并探究匿名社交软件暴露出的问题并提出合理建议。

3 研究方法

3.1 研究设计概述

本文以扎根理论为指导,对匿名社交软件的使用行为进行

---

❶ 高涵. 匿名社交软件"使用与满足"实证研究——以 popi 提问箱为例 [J]. 传媒论坛, 2021, 4 (14): 9-11.

探索性研究。扎根理论（Grounded Theory）最早由美国社会学家巴尼·格拉斯和安塞姆·斯特劳斯于 1967 年提出，提供了一整套从原始资料中归纳、建构理论的方法。扎根理论认为，研究者需在所获原始资料的基础上抽取出创新的、完整的、符合实际情况的理论架构。扎根理论的核心环节是对资料进行编码处理，斯特劳斯和朱丽叶·科宾将编码工作细分为开放性编码、主轴编码以及选择性编码三个步骤。❶

本文采用扎根理论的方法，通过深度访谈进行资料收集，并通过目的性抽样的方式获取研究样本。为保证访谈样本的有效性，在样本选取过程中，先通过自身相关人脉以及微博、Tape 用户私信等渠道获取初始样本，随后采用"滚雪球"的方法扩大样本获取范围，在对样本进行初步访谈的基础上进行筛选，选取符合研究目的的样本，并基于文献和访谈资料，使用 Nvivo 对资料进行编码分析。

3.2 深度访谈及数据处理

本文共选取了 15 名访谈对象，平均每人的访谈时间在 10~30 分钟，访谈形式为电话访谈及微信语音访谈，每次访谈都进行了全程记录以保证准确性与完整性。根据理论饱和度原则，本文随机选择其中 10 名访谈对象的访谈资料进行分析及编码，另外 5 份资料作为理论饱和度的检验资料。为方便记录与整理，本文将 15 名访谈对象依性别进行编号，男性访谈对象编为 M1、M2⋯，女性访谈对象编为 F1、F2⋯。访谈对象的基本信息如表 1 所示。

---

❶ 邓树明. 传播研究方法与论文写作［M］. 北京：中国人民大学出版社，2021：122-124.

深度访谈采用半结构化访谈的形式，访谈前基于本文的目的进行了《访谈大纲》的编写，访谈内容主要围绕三个方面：一是用户在使用 Tape 的初始动机；二是用户在使用 Tape 时的角色选择，即在使用"匿名提问箱"时的主要角色是提问者、回答者还是旁观者；三是用户使用 Tape 的体验与感知，及其体验对其使用行为的影响。以此来对 Tape 用户的使用行为进行讨论与探析。

表1 访谈对象基本信息

编号	年龄/岁	身份	使用 Tape 提问箱的时长	Tape 提问箱的使用频率
M1	23	待业	1年	偶尔
F1	21	本科在读	2年	偶尔
F2	24	硕士在读	8个月	经常
M2	22	公司职员	1年半	偶尔
F3	27	自由职业	2年半	偶尔
F4	18	本科在读	6个月	偶尔
F5	23	硕士在读	10个月	频率不固定
M3	23	公司职员	1年	偶尔
F6	24	高中教师	2个月	偶尔
M4	21	本科在读	1年半	频率不固定
M5	25	硕士在读	2年	偶尔
F7	26	自媒体	2年	经常
F8	30	摄影师	6个月	偶尔
M6	23	本科在读	1年	偶尔
M7	20	专科在读	3个月	偶尔

4 基于扎根理论对 Tape APP 使用动机的研究

4.1 开放式编码

开放式编码指的是在对原始资料进行分析的基础上，通过对资料内容进行逐句、逐段的分析和关键词的提取，并概括其中所含的基本概念和范畴，对资料进行定义和解释。本研究在对访谈资料进行开放式编码的过程中，对于相关概念的定义主要是依据已有文献中具有代表性及广泛使用的术语，其他难以从文献中找到依据的，则根据研究情景自行定义。

在开放式编码阶段，本文通过对访谈资料的整理共提取了 23 个初始概念，经过比较分析后，删除了 3 个与本研究主题无关或关联较小的概念，保留了 20 个相关初始概念，并通过对初始概念的整合和关系组合，将 20 个初始概念聚合成为环境影响、打发时间、寻找同僚、社交需求、获知印象、情感满足等 8 个范畴，如表 2 所示。

表 2 开放式编码结果

原始代表语句	初始概念	范畴
匿名提问箱在我们这个圈子还挺火的，大家没事都会发一发，我也跟着点进去看看	跟随潮流	环境影响
以前也在 QQ 玩过匿名的提问，感觉体验很好	相似经验	
在微博上看见很多人发就想试试	猎奇心理	

续表

原始代表语句	初始概念	范畴
发出来能收到很多提问,能玩很久	收获提问	打发时间
无聊嘛,去年过年的时候在家没事干,也没人聊天什么的	无聊	
问问别人的兴趣爱好什么的,有跟我一样的话,我就能多个人一块儿讨论了	寻找爱好伙伴	寻找同僚
她不喜欢哪个成员,而我又很喜欢,那我可能就不想跟她玩了,或者不再关注她	取向是否一致	
主要想找点话题聊天,感觉平常和朋友都没什么话聊了	找话题	社交需求
平常比较在意别人对我的看法,想通过别人的提问看看都对我好奇什么	在乎看法	获知印象
想看看自己在学校里都给其他学生留下什么印象	获知印象	
有最近来往比较频繁的异性,想给机会让他我问题	获取特定提问	情感满足
很喜欢这种回答别人问题的感觉,会给我一种被别人需要的自信感和满足感	喜欢答题	
我就是很爱得到别人的关心,当别人有问题问我时,我就会很高兴	获取关心	
经常在"喜欢的人的提问箱"里提问,问我自己关心的问题,就这样默默了解他的感觉很好	默默关心他人	
想从她那里得到一些小建议之类的	得到建议	获取帮助
我有困难的时候就想去问问别人有没有这种情况	期待共鸣	

续表

原始代表语句	初始概念	范畴
因为我这个人就是比较爱八卦、爱聊天，主要就是问问别人的近况之类的问题	喜欢八卦	了解他人
如果我想了解一个人就可以侧面地了解他的一些真实想法	了解他人想法	
我可以看到不同的人的奇怪想法，其实就是人类观察的目的	观察他人	
感觉也是了解别人的方式	了解他人	

4.2 主轴编码

主轴编码是将开放式编码阶段所得到的范畴结果围绕某一轴心进行进一步地概念整合，通过此环节可以将访谈资料的最终属性和维度进行清晰和明确。❶ 在此环节中，将上一环节所获的范畴结果进行内部属性的关联，根据其逻辑关系进行分析整合。本文通过将上一环节得到的 8 个范畴进行相互间的关联，最终将环境趋附动机、社交互动动机、情感补偿动机、信息获取动机 4 个维度作为主范畴。❷ 伊莱休·卡茨等人曾对用户的媒介使用动机进行总结，总结出媒介使用的四大动机为认知动机、情感动机、个人整合动机和休闲娱乐动机。本文所得出的四大动机范畴与卡茨等人的总结基本符合。所得 4 个主范畴及其范畴基本内涵，如表 3 所示。

---

❶ 邓树明. 传播研究方法与论文写作 [M]. 北京：中国人民大学出版社，2021：122-124.

❷ 高涵. 匿名社交软件"使用与满足"实证研究：以 popi 提问箱为例 [J]. 传媒论坛，2021，4 (14)：9-11.

表3 主轴编码结果

主范畴	范畴	范畴内涵
环境趋附动机	环境影响	周围社交或社会环境使用户产生好奇
	打发时间	为消磨时间或寻求娱乐
社交互动动机	寻找同僚	寻找与自己具有相同爱好或相似观点的人
	社交需求	为日常生活中的社交寻求话题或谈资
情感补偿动机	情感满足	通过提问或回答问题满足自身情感上的需求或获得自信感及成就感
信息获取动机	获知印象	了解自己在他人心目中的印象,或他人对自己的看法
	了解他人	通过提问获得有关他人相关问题的回答
	获取帮助	利用他人的回答来解决自身问题或忧虑

4.3 选择性编码

选择性编码指的是依据主轴编码的结果,将主范畴根据相关逻辑进行关联,生成一个完整的意义系统;根据主轴编码获得4个主范畴,并通过其概念的关联性绘制出范畴关系图,如图1所示。

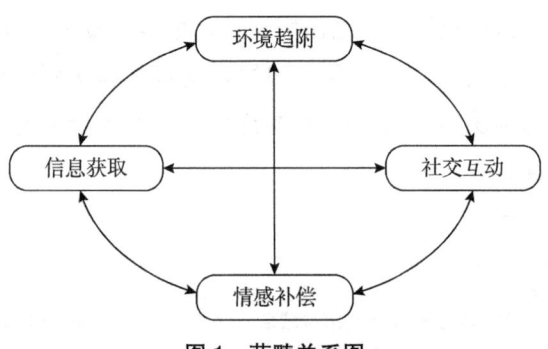

图1 范畴关系图

用户对 Tape 匿名提问箱的使用动机之间存在着关联与影响关系。以环境趋附为初始使用动机的用户在使用过程中会进行信息获取以及社交互动，通过信息获取与社交互动进一步满足情感需求，获得情感补偿，后续使用过程会伴随着情感补偿、信息获取、社交互动等共同动机进行软件的使用。同理，以其他动机为初始动机开始使用 Tape 的用户也可能以此路径进行动机的波动。匿名提问箱的信息互动能够带来用户感知的差异，因此使用过程中也会使用户的初始动机被改变，从而改变使用行为或使用意愿。

4.4 使用动机及其对使用行为的影响分析

对 Tape 用户的使用动机进行编码处理后，得到 4 个关于使用动机的主要范畴，即环境趋附动机、社交互动动机、情感补偿动机与信息获取动机。本部分将通过对此四部分使用动机进行分析与解释，来讨论不同范畴的使用动机对用户后续使用行为的影响及关联。

4.4.1 环境趋附动机

环境趋附动机指的是受到周围环境影响从而进行软件使用的动机，包括受到其他使用者使用行为的影响或感染，由于生活无聊等情绪而进行的使用行为。以环境趋附为初始动机接触进行 Tape 提问箱功能的用户一般在接触前无明确使用目的或使用期待，在使用过程中会通过使用体验逐步生成媒介印象，由于使用目的较为模糊，这类用户通常使用频率较低，在访谈过程中，大部分以环境趋附为初始动机的用户表示后续使用频率为"偶尔"。访谈对象 M2 说："有一些朋友会在朋友圈等平台分享，我会点进去看看，主要也是因为无聊吧。最开始是我有个朋友隔一段时间发一次，我本来不知道那是干什么的，但是后来他发的频率实在太高了，我实在忍不住就点进去看了。后来他不怎么发了，我慢慢也就不接触了。"访谈对象 F7 说："我第一次发的时候就是无意间看到别人玩，然后我就也下载了 APP，在我的微信朋友圈里转发了一个提问箱。发完之后，我就忘了，时隔好久，我才想起来。因为已经隔了很长时间，所以别人提问的问题我也就觉得没必要回答了，就没再管。"

初始动机为环境趋附动机，但在使用过程中生成了媒介印象并改变了后续使用动机的用户使用频率及体验满足感明显提高。访谈对象 F3 说："突然发现收到了很多很可爱、很温暖的提问，给我的感觉就不一样了，我变得特别想一直回答问题，特别好玩，而且心情也非常好。"

4.4.2 社交互动动机

社交互动动机指的是为与具有相同爱好或观念的同僚进行互动或为日常生活寻求话题的使用动机。以此为初始动机的用户在使用过程中行为较为主动，多为提问箱角色中的提问者和回答者，会主动向别人进行提问来获取自己对提问对象的印象，以此来为后续的社会或现实互动提供参考。此类用户的使用频率较为不固定，较为重视互动结果及质量，通常会根据提问箱回答者的频次进行随机性使用，或以短期频次获取话题。访谈对象 F1 说："提问都是围绕我们喜欢的爱豆或者我们的粉丝群，问这些问题也是想看看那个人是什么属性，比如我们喜好不一致，我可能就不想跟她玩了或者不再关注她。"

当作为匿名提问箱的提问者、围观者发现群体共同面临或与群体成员具有紧密联系的话题或议题时，会对自身进行关注及反思，并对现实生活的互动产生影响。访谈对象 F1 说："有一次，我问某个朋友：'怎么看待身边的爱豆粉丝？'她直接回答说：'觉得很无聊。'我其实还是挺伤心的，也去翻了之前的朋友圈，想看看我发追星的朋友圈有没有太频繁，甚至打扰到别人，虽然她也是无心之举，但是那段时间我还是不太想理她。"

4.4.3 情感补偿动机

情感补偿动机指的是用户期望在使用过程中获得自身情感上的满足，也包括自信感、满足感等情感状态。提问箱的提问者们对回答者的关注，既是一种关注行为，也是进行情感选择的行为，其中包含着对回答者的关怀情感。当回答者发现与某个提问者的状态相一致时，就会产生情感共鸣，随即获得情感满足。或通过接受提问者的赞美或鼓励获得自信或成就感，以此来强化对提问箱的使用行为。以情感补偿为动机的使用者一般曾经有过相似软件或功能的使用行为，这类用户使用满足感及愉悦性强，使用频率也略高于其他动机用户。访谈对象 F3 说："后来是因为很喜欢这种回答别人问题的感觉，也有很多提问是很温暖、很可爱的，别人有问题问到我也会给我一种被别人需要的自信感和满足感。"访谈对象 M3 说："她回答的时候说：'我最近学习也很吃力，根本起不来床，每天都睡到很晚才起。'

我心里一下就轻松了很多。因为她那么自律的人都会这样,那我觉得我这情况也是正常的了。"

4.4.4 信息获取动机

信息获取动机是指用户在使用匿名提问箱的过程中期望通过提问、回答或围观来获取相关信息,既包括个人信息,也包括其他有关学习和工作等经验的知识型信息等。以信息获取动机为主要动机的用户数量在动机范畴中占最多数,约占全部访谈对象的四成。信息获取的范围较广,既包括对自身相关问题的解答,也包括对于他人相关问题的好奇。此类动机的使用者一般作为提问者或围观者,同时,此类用户的使用频率较高,且使用主动性较强,在软件的后续使用过程中互动较为频繁。访谈对象 F6 说:"在对某个人比较好奇的时候吧,因为我这个人就是比较爱八卦和聊天,主要就是问问别人的近况之类的问题,或者是从侧面问一下别人对我的一些看法或印象,这样能满足我的好奇。"访谈对象 M4 说:"能看到不少现在已经不联系或者不是很熟的人的提问箱内容,能对他人了解很多,而且既然他回答出来就是默认大家都能看到,那我点进去看也是获取他想让大家看到的信息。"

通过对 Tape 用户使用频率及使用动机进行观察及分析,发现基于不同使用动机的用户其使用频率与使用偏好有着显著差异。❶ 基于社交互动动机与信息获取动机的用户对 Tape 提问箱的使用频次明显高于环境趋附动机与情感补偿动机,且其动机

---

❶ 刘璇. 互动仪式链视角下互联网匿名社交软件中的互动行为研究——以 Tape 提问箱为例 [J]. 新媒体研究,2022,8(3):25-29.

与使用频率呈正相关关系；环境趋附动机与情感补偿动机则对用户使用提问箱的偏好呈正面的影响关系，即其动机越强，对提问箱的印象与使用态度就越积极。

5 "匿名提问箱"的使用价值探析

5.1 个体情感能量释放

个体的情感能量是指用户个体在行动时所收获与体验的自信心、兴奋感等情绪化感受。在访谈过程中，不论初始使用动机如何，大多数访谈对象都表示，使用"匿名提问箱"能够为自己带来情绪价值以及不同于个体身份的情绪感受。访谈对象F6说："毕业之后就进了学校做老师，工作特别忙，和以前的同学、朋友的联系也比较少。由于工作原因比较少发朋友圈，所以匿名用这个提问箱的时候，感觉自己可以稍微卸下'老师'这个身份，感觉又找回了自己那种活泼的性格。"

提问活动以匿名为基础，且是以问题获取及提问给予为行为基础的软件，在用户使用过程中，往往能够获得平时难以得到的问题与关注，并且在无形中为用户提供了自我审视的机会与场所，这就使用户以一种兴奋的态度来进行行为的回应。且提问箱的匿名状态也能够使提问者与围观者摆脱身份束缚，以最本质的现实心态进行社交互动，使压力和情绪得到释放。

5.2 群体印象与身份的更新

Tape 提问箱并非如大多匿名社交软件以完全匿名的方式结交陌生人，而是以实名社交社区以及熟人身份为基础的半匿名式社交平台，即匿名提问箱的使用者之间已经伴随着现实社会关系，提问者、回答者与围观者之间的好友关系，以及提问者与围观者对于回答者的情感关注是用户在提问箱中聚集的主要原因。访谈对象 M1 说："有一个朋友在我看来非常文静，或者说是乖巧，有一次她发了一次提问箱，我没有去提问，但是我看她回答别人的问题的时候，语言很犀利，所以一下子就颠覆了我对她的印象，觉得她内心应该还是比较'狂野'的。"这同样意味着，回答者与提问者的匿名话题互动能够使参与者在信息交换及围观的过程中不断更新对个体及群体印象的认知，并对群体共同关注的议题或信息进行共情与判断。

5.3 信息获取避免强关系制约

学者马克·格兰诺维特依据交流频率将人际关系划分为强关系和弱关系两种，强关系即与自身接触最频繁的家人、朋友、同学等；而弱关系则代表与自身接触较少、互动较少的关系人群。在现实或线上普通的熟人社交中，人们会在一定程度上受到强关系链接的制约，使信息的表达受到一定程度的限制。而在"匿名提问箱"中，身份的展示是单向的，提问则以匿名方式进行提问，而不必受制于身份限制，能够提问难以在现实生活中提问和获取的信息。访谈对象 F8 认为："其实使用 Tope 的一个最令我兴奋的原因是我能够在我们的关系'之外'去进行提问，也就是说，我能去问当面交流时我永远无法问出口的问题，就算这个问题会对别人稍有冒犯。"除此之外，提问者也能够专注于问题本身进行回答，避免了其他身份或环境因素的干扰，使得信息的表达和传递都更加贴合于信息本身。

6 "匿名提问箱"面临的困境

6.1 双层伪装：匿名性带来的道德感缺失

"匿名提问箱"具有特殊的"双层"匿名性。在平台机制层面，应用平台将"匿名性"作为其主要特色并加以维护，平台会通过统一头像、隐匿昵称等手段对提问者的身份信息进行隐藏，用户之间无法通过平台获取有关彼此真实身份的任何信息；在用户使用层面，使用匿名社交软件的用户皆有一定程度的匿名社交意愿，其在提问或互动的过程中也会通过特定"伪装"来减少对其身份信息的暴露，如在互动过程中刻意使用与自身语言习惯不符的"口头禅"或句式等。此类双层的身份"保护"会使得部分用户在平台的使用过程中失去道德感的束缚，进行恶意提问、谣言传播甚至人身攻击，如曾风靡美国的匿名社交软件秘密 APP 就曾爆发严重的私生活曝光、歪曲他人形象等人身攻击事件。[1] 由于用户无法在前台获取匿名信息发布者的身份信息，所以也就难以对其行为进行检举和追责。

---

[1] 邱佳凝. 网络社交平台中公民名誉侵权之问题研究——以实名制微博和匿名制"秘密 APP"为例 [J]. 法制与社会, 2015 (11)：56-58.

6.2 边界混乱：公域传播下半匿名的消失

Tape 主打"半匿名"社交，即当用户将其提问箱转载至微信朋友圈等私人化社交平台时，就会收获来自熟人的"匿名"提问。但 Tape 提问箱的转载范围并非局限于私人化社交空间，微博等开放性社交平台也在其转载范围内。因此，当用户将其提问箱转载至其他社交平台时，也会获得来自陌生人的匿名提问。在这种情况下，所谓"熟人匿名社交"的性质会减弱甚至消失，用户在其匿名互动的过程中可能会增加隐私信息泄露的风险。

7 "匿名提问箱"发展对策分析

7.1 内容管控

针对匿名性带来的道德感缺失下的行为失当等问题，平台应在匿名服务下提供多层的隐私保护，探索更加安全合理的产品运营模式。在语言暴力行为的防范与治理方面，平台可通过算法及大数据技术，设置关键词屏蔽功能，通过后台对用户的互动行为进行智能监管，屏蔽有害词汇或对相关词汇进行模糊处理，减少语言或人身攻击为用户带来的暴力伤害。

7.2 后台实名

前台的匿名性使得部分用户的不当行为难以进行追责或治

理，用户信息的泄露甚至谣言的传播源头也难以追溯。针对此类问题，平台应合理规范匿名的界限，在保障前台匿名的同时，也应实行"后台实名"的政策，重视数据保存和信息保护，及时对具有危害性的信息进行删除，对违规账户进行注销和追责。

中老年人使用快手 APP 的行为及影响研究
——基于知沟理论

王 琪

1 绪 论

1.1 研究背景

移动智能终端的普及、无线通信网络的全方位覆盖推动数字产品的火热市场发展，而青年群体作为智能手机消费的主体人群，一般具备熟练的智能手机操作方式。人类以血缘关系为纽带所营造的家庭，为手机以及 APP 的广泛使用带来了极大助益，而"文化反哺"也为中老年人带来与世界、现代化接轨的新状态。青少年群体将文化回馈、反哺给中老年用户群体，成为中老年人知识的"蓄水长池"，为他们进行"内存扩展"。❶中老年群体的子女首先接触到以智能手机为介质载体的应用软

---

❶ 王晨曦. 试析文化反哺对乡村振兴的重要意义 [J]. 文化产业, 2022 (1): 145-147.

件,随着手机更新换代的加速,智能手机数字程序中的中老年用户群体逐步增长,尤为突出的是快手 APP 的使用,在中老年群体中成为一种流行趋势,快手操作简单等特点也扩展了中老年用户信息收受范围、丰富了其信息感知维度。

1.2 选题意义与目的

中老年群体接触到的科技与知识远不及青少年群体,他们是饱经风霜的一代。如今随着生活水平的提升使个体幸福感增强,中老年用户在解决基础生存需求后会转向精神需求层面的追求。在物质文明丰裕富足的社会背景下,个体幸福感知阈值也随之提高,传统精神文化活动的功能效力也逐渐衰退,中老年用户群体需要新型文化活动来满足其精神消费的需求。快手 APP "转战"为他们提供了现代化信息交往平台。相比传统媒体时期的报纸、广播和电视媒介,中老年群体能通过快手 APP 接收到更多信息。信息类型涵盖教育、新闻、新鲜事、医疗健康、娱乐等,这使其生活更加多样化与丰富化,这样更有利于缩小"知识鸿沟"和"信息沟"❶。然而快手 APP 仍然存在着一些问题亟待解决。本文研究的目的在于提出快手 APP 的缺点与相应对策,以期让中老年群体拥有更优质的网络环境与更丰富的精神文化活动。

---

❶ 知识鸿沟理论是美国明尼苏达州立大学的研究小组菲利普·蒂奇纳、多诺霍和奥里恩在 1970 年发表的《大众传播流动和知识差别的增长》一文中提出,从 1979 年开始在一系列实证研究的基础上建立起来的经验社会的理论假设。指由于社会经济地位高者通常能比社会经济地位低者更快地获得信息,因此,大众媒介传播的信息越多,两者之间的知识鸿沟也就越有扩大的趋势。1974 年,卡茨着眼于新传播技术的发展,提出了信息沟理论,指信息社会中由于接受信息的条件不同,会造成信息富有者和信息贫困者两极分化越来越加剧。

1.3 文献综述

黄传武和邓丰丰提出,老年人的数字化生存存在困境,并分析我国老年人群体的数字化生存现状,从政府、家庭、企业等各方面提出相应的措施。❶ 陆杰华和韦晓丹在数字鸿沟和知识鸿沟理论的基础上提出老年数字鸿沟的治理,解析数字接入鸿沟、使用鸿沟、知识鸿沟的具体表现、形成原因及其影响,认为应以多种治理方式为理念,提升老年人数字化社会融合。❷ 这两篇文章都是以共时性研究展开,侧重于从静态、横向的维度来探究老年人数字生存系统中各要素间的互相关系,以及它们对老年群体的数字生活的影响。在此基础上再提出应对措施,以此改善老年人的数字生活质量,并使其与数字化社会加速融合。

谢静茹以使用与满足理论、创新与扩散理论进行探讨,通过质化与量化相结合的方式,分析中老年人对抖音APP的使用动力、态度和行为。1974年,卡茨提出"使用与满足理论",该理论认为,受众基于一定的社会因素和心理因素产生了媒介期待,进而接触媒介使自己的需求得到满足。作者更注重受众的主体性地位,重点探究受众是"出于何种动机,选择何种媒介,产生何种效果"等方面的问题。罗杰斯于20世纪60年代提出"创新扩散理论",该理论是指在基本社会过程中,社会主体主观感受到的关于某个新事物的信息被传播;同时,作者也

---

❶ 黄传武,邓丰丰."知沟"视域下我国老年群体数字生存困境与应对[J]. 北京邮电大学学报(社会科学版),2022,24(1):40-46.

❷ 陆杰华,韦晓丹. 老年数字鸿沟治理的分析框架、理念及其路径选择——基于数字鸿沟与知沟理论视角[J]. 人口研究,2021,45(3):17-30.

提出了警惕信息茧房、提升中老年人媒介接触的观点。❶ 张文静认为，中老年人群的生活数字化有利于社会良性发展，但也需警惕短视频沉迷，并提到数字反哺中存在的问题，论述了中老年群体使用短视频 APP 时的收获与问题。❷ 谢静茹和张文静都以中老年人的数字化生活为主题，提出"谨防中老年人沉迷娱乐短视频"这一观点，谢静茹的文章更侧重于中老年人媒介接触的成因，张文静则侧重于中老年人生活的数字化对社会及中老年人自身的影响。

陈志祥对"土味视频"进行定义，并从亚文化的角度解读"土味视频"的存在，认为其是一种存在审美问题的亚文化群体的话语表达方式。❸

对于中老年人群的数字生活，有学者得出城乡数字设备使用差距大，老年群体的数字消费意愿增强，但操作技术不足，社交与搜索能力缺乏等结论。还有学者认为，中老年群体的短视频接触会带来积极影响，但短视频接触属于浅层次需求的满足，长期沉迷会形成内心"孤岛"，算法推荐也将造成信息局限。

本文以快手 APP 与知识鸿沟为切入点，探究中老年人群使用快手 APP 的原因，以及快手 APP 带给中老年人的影响。本文的创新之处在于，在研究过程中，不仅收集中老年人群的态度，

---

❶ 谢静茹. 抖音短视频 APP 中老年用户的使用行为与动机研究——基于河南省×县的实证分析 [D]. 武汉：华中师范大学，2021.

❷ 张文静. 中老年网民群体短视频使用行为研究 [D]. 南京：南京理工大学，2021.

❸ 陈志翔. 抵抗与收编："土味视频"的亚文化解读 [J]. 新闻研究导刊，2018，9（7）：74-76.

还补充了"第三人"——其子代的态度,以此来达到客观认识中老年人群数字媒体接触的意义。此外,本文对知识鸿沟进行创新理解,认为超越从前的自我,即随着时间的推移与知识的积累,自我知识水平相比从前有了进步,即是知识鸿沟的缩小。对于大部分中老年人来说,快手 APP 带来的是积极影响,包括增添生活乐趣、科普知识、了解新闻、购物,甚至能扩大他们的收入,能够从某种程度上缩小知识鸿沟、信息差。针对快手 APP 存在的问题,本文也提出了平台和用户自身两个角度的对策。

1.4 研究方法

本文首先使用量化研究,通过问卷调查的方法了解中老年用户对快手 APP 的使用行为,但由于在研究对象征集阶段,有意愿参与问卷填写的中老年用户数量有限,且老年用户存在理解解读障碍,于是,向青年群体投放调查问卷,调查其家庭成员中的中老年快手 APP 用户的使用行为,共收到 52 份问卷。问题包括:回答者的地理位置、家庭成员是否有使用快手 APP 的习惯、使用快手 APP 的家庭成员的情况(年龄、下载方式、使用频率、使用原因、是否在快手 APP 与亲友互动)、回答者本人对快手 APP 的态度,最后是回答者对快手 APP 优点和缺点的主观回答。此次调查不仅需要本人的回答,还要求回答者站在客观角度、以快手 APP 使用者家人的视角来分析快手 APP 的特点。

问卷发放至微信朋友圈,以吸引人的文案、海报来邀请朋友圈的好友来填写问卷。但由于朋友圈的好友地域差异性较小,代表性不强，于是又将问卷发放至豆瓣讨论小组，邀请网友互相介绍来填写问卷。这个渠道可以拓展答卷人员所在的地域，从一个地区扩展到全国各地随机的回答者来填写，以此全面了解全国中老年人对快手APP的使用情况。

为了多角度了解中老年人对快手APP的使用，以及快手APP对中老年人知识鸿沟和数字知识鸿沟的作用，本文采用访谈法通过线上微信聊天和线下面谈的方式，访谈了5位使用快手的中老年人，通过"您是如何接触到快手APP的？""您使用快手APP有哪些感受？""您认为它带给您最大的收获是什么？""快手的缺点有哪些？"这4个问题来对5位访谈对象进行访谈。

访谈后，将访谈对象的描述整理并分类，得到以下结论：①子女的帮助是中老年人下载并使用快手APP的最大因素，其次是中老年人周围好友的帮助。②使用快手APP后，使自身跟上了时代潮流。③在快手上生成作品可帮助自己记录生活、抒发心情。④通过快手APP可以观看新闻、了解外界。⑤观看同城新鲜事。⑥更便捷的购物方式。⑦快手APP的缺点是低俗主播、假新闻、商品的质量难以保证。

2 快手APP对知识鸿沟的影响

2.1 知沟理论

1970年，美国学者蒂奇诺等人提出知识鸿沟理论。该理论的要旨是：由于社会经济地位高者通常比社会经济地位低者能更快地获取信息，因此大众媒介传送的信息越多，这两者之间的知识鸿沟也就越有扩大的趋势。❶ 从某方面来说，知识鸿沟也就是信息沟，在新媒体时代，有了各种新的媒介，又衍生出了"数字鸿沟"。"知识鸿沟假说"的提出正是基于对社会阶层差异所导致的信息差、知识差的认识。❷ 中国互联网络信息中心发布的《第 48 次中国互联网络发展状况统计报告》显示，截至 2021 年 6 月，我国网民规模达到 10.11 亿，互联网普及率达到 71.6%，60 岁以上网民占比为 12.2%。我国 60 岁及以上老年群体是非网民的主要群体。截至 2022 年 12 月，我国 60 岁及以上非网民群体占非网民总体的 46.0%。❸ 在数字设备智能化的同时，技术性要求也相应拔高，加之应用软件多样化发展，对用户操作要求提高，老年群体的数字化生活呈现出艰难境况，"老年数字鸿沟"问题需要各界关注并加以解决。

2.2 快手 APP 缩小知识鸿沟的可能性

快手 APP 为青少年用户群体带来具有新鲜感和潮流性的短视频世界，随后，快手 APP 又逐渐投入了中老年市场，这为中老年人群带来一个契机，让其可以接触到外部世界的流行事物。快手 APP 内容更新速率快，随着大量自主生产用户进驻快手 APP，平台文本内容生产速率和体量持续增长，为用户提供多

---

❶ 郭庆光. 传播学教程 [M]. 2 版. 北京：中国人民大学出版社，2011：215-218.

❷ 欧阳叶童. "知沟"理论视角下的"抖音"和"快手"平台用户阶层差异 [J]. 办公自动化，2021，26（9）：17-36.

❸ 中国互联网络信息中心. 第 48 次中国互联网络发展状况统计报告 [R/OL]. (2021-09-15) [2021-11-01]. http://www.cnnic.cn/hlwfzyj/hlwxzbg/hlwtjbg/202109/P020210915523670981527.pdf.

元选择。传统媒体时期，中老年用户群体信息收受高度依赖纸媒、广播电视媒介，而在数字传播语境下，移动智能终端装载的短视频 APP 为中老年用户提供更加多元丰富的信息内容，用户从被动的信息接收者转化为自主选择，并通过移动短视频的音像同步模式感知异域时空的具体场景，缓解中老年群体的生存孤独体验，在滑动屏幕的过程中，获得本体存在感和内容选择权，并内化为生存模式，在短视频文本的媒介互动过程中，用户个体还能拓展认知视野、丰富精神世界。除此之外，互联网使用成本的下降、农村居民生活水平的提高，使越来越多的农村家庭能够接触到互联网。而快手 APP 操作的简易性为农村老年人的使用带来便利，部分官方媒体、名人、地方"草根"艺人的入驻也吸引着农村老年人，或许通过实时性的新闻、知识型的科普类短视频推送，能够缩小城乡中老年人、青少年与中老年人之间知识鸿沟。

3 中老年人使用快手 APP 的实证研究

3.1 使用情况调查问卷分析

大约 86% 的回答者的家庭成员使用快手 APP，这表明快手 APP 有着高度普及率。从快手 APP 用户家庭成员的年龄看，52.38% 集中在 41~55 岁，23.81% 的是 10~25 岁，而 55 岁以上人群合计占比 26.19%，可见快手 APP 的使用人群年龄具有两极分化的特点，但主要集中在 41 岁及以上的中老年人群，如图 1 所示。

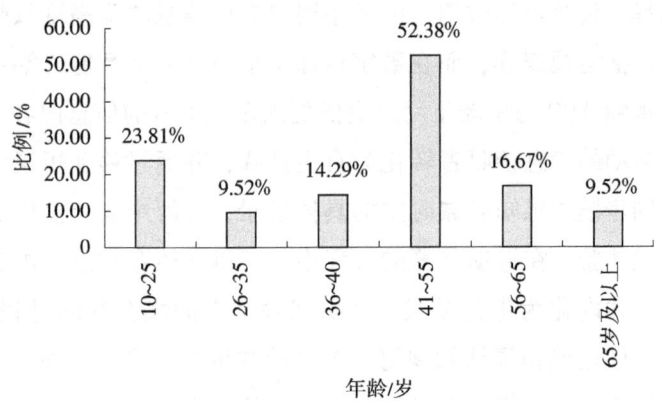

图1 快手APP用户家庭成员年龄问卷调查结果

在下载方式上,"自己下载"与"其他家人帮助下载"的比例分别是57.14%与40.48%,剩余2.38%则是"朋友帮助下载"。调查表明,中老年人对智能手机的使用已逐渐熟练,对新媒体与新媒体的衍生物——APP的操作也日益炉火纯青,而"数字反哺"现象也存在着,年轻人会帮助家庭中的中老年人适应网络信息时代,如图2所示。

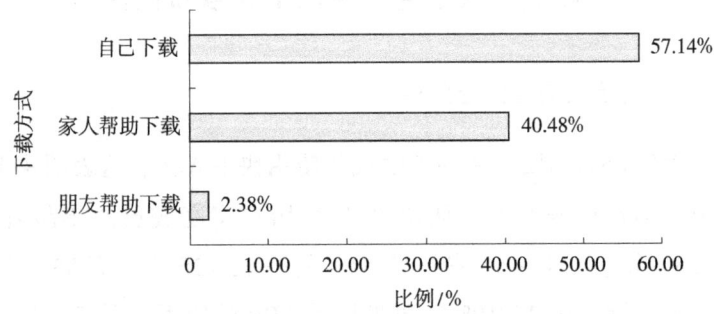

图2 下载方式问卷调查结果

在使用频率方面,"不看"和"超级沉迷"的比例较少,仅占 11.90%，而 38.10% 的中老年家庭成员的回答是"大部分时间在使用"，"偶尔看"的比例占 50.00%。由此可见，大部分中老年人对时间的把控有自己的规划，但其重心仍在于物质生活，如图 3 所示。

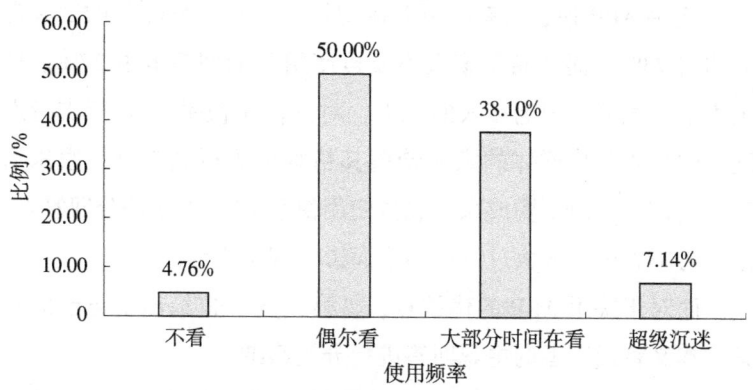

图 3 使用频率问卷调查结果

由统计可见，中老年家庭成员使用快手 APP 的原因有多种，（因此题为多选题，存在组合的情况。）其中，"看同城新鲜事"占比 79.55%；其次是"看新闻类短视频"，占比 68.18%；再次就是"学习技能（做饭、语言、教育）"占比 45.45%；最后是购物和发布短视频，分别占比 20.45% 和 23.00%。根据选择其他的主观回答，还存在"看家庭伦理感情剧"和"解说电视剧"的中老年人。这已然说明，快手 APP 的确能带给中老年人新闻、技能和知识面的增长，也为其带来娱乐生活。

关于家庭成员是否在快手 APP 与亲朋好友互动的问题，两个回答相差甚小，回答"是"占 43.00%，回答"否"占 57.00%。

3.2 问卷中"第三方"对快手的态度

由于调查问卷的回答者是"第三方"——中老年快手APP用户的家人,故此本文收集了回答者看待快手APP的态度,选择"快手APP使家人有了更多休闲娱乐方式,很好"的回答者大约占73%,而"希望家人不要再使用"的回答者占27%。这也表示,大部分中老年人的家人,对其使用快手APP持支持态度,中老年用户群体的家人希望其精神世界得到丰富、娱乐活动得到扩展,而不赞成家庭成员使用快手APP的小部分回答者,是因为不希望家人太过沉迷网络而影响现实生活。

而对于快手APP的优缺点,"第三方"也给出了自己的答案,本文将回答者的主观回答进行分类归纳。

快手APP的缺点包括:内容低俗、同质化严重,首页排版不美观,商品质量难以保障,直播炒作问题,碎片化浪费时间,如表1所示。

表1 "第三方"对快手APP的态度问卷调查结果

序号	总结	回答
1	内容低俗、同质化严重	低俗化,同质化
		内容低俗,良莠不齐,鱼龙混杂
		低俗,土味,亚文化内容比较多
		虚假低俗
		过于老土
		内容不太好
		一些视频情节较低俗
		低俗内容太多
		鱼龙混杂,部分视频误导中老年人

续表

序号	总结	回答
2	首页排版不美观	推荐视频为双列，令人眼花缭乱
		界面设计不如抖音
3	商品质量难以保证	商品质量问题
		存在商品质量不好、售后不完整等问题
4	直播炒作问题	直播管理不严
		直播环境应禁止炒作，优化审核手续
5	碎片化浪费时间	容易让人沉迷
		碎片化太严重，耗费时间

快手 APP 的优点包括：内容多样化，传播信息，便利中老年人，足不出户看世界，娱乐性强，有利于经济收入，如表 2 所示。

表 2 "第三方"对快手 APP 的态度问卷调查结果

序号	总结	回答
1	内容多样化	内容多样
		可以和抖音换着刷
		内容下沉，视频内容种类丰富
		视频内容新颖有趣
2	传播信息	同城推送
		传播信息
		了解新鲜事物发展结局
		拉近网络距离
		能够展现不同人的实际生活
		信息量巨大，可以了解时事热点

续表

序号	总结	回答
3	便利中老年人	流量池相对平等，贴合大众现状
		方便老人使用
		门槛低，接地气内容多
		适合文化程度不高的用户了解时事
		使用便捷，比较亲民
		为中老年人提供了更好地认识社会、了解新闻、休闲娱乐的途径
4	足不出户看世界	可以看到更大的世界
		足不出户就能看见各种各样的生活
5	娱乐性强	休闲娱乐
		刷着快乐
		放松时间娱乐
6	有利于经济收入	可以赚钱

3.3 中老年人视角看快手 APP

除了调查问卷，还访谈了 5 位中老年快手 APP 用户，以他们使用快手 APP 的主观感受，以及对他们的观察来探索快手 APP 对中老年用户带来的影响，如表 3 所示。

表 3 中老年用户调查结果

代码	年龄/岁	下载方式	使用快手的主要用途
A	70	子女下载	同城、直播
B	50	子女下载	同城、直播、购物、知识、新闻
C	51	朋友下载	同城、直播、购物、新闻

续表

代码	年龄/岁	下载方式	使用快手的主要用途
D	54	子女下载	同城、直播、新闻
E	51	子女下载	同城、美食、知识、新闻

3.3.1 娱乐：同城直播、趣事增添陪伴感

访谈对象 A："以前就是看电视、串门，现在在家不知道干什么，就看看快手，看其他人做啥？"中老年人群体的生活相比青少年群体缺乏与现代流行事物相关的乐趣，只能通过传统电视媒介进行娱乐放松，但快手 APP 的使用让他们足不出户便能接触到外界新鲜事物。其关注的视频内容生产者部分是与其说着同样方言的人群，具有心理接近性。视频内容生产者展示的生活令他们了解到许多"同乡人"的故事，普通人在移动媒体上的出现引起中老年人的好奇心，并引发其关注行为。访谈对象 C："平时就爱看他们直播，感觉有点儿意思。"直播的即时性、强互动性让中老年人，尤其是其子女在外读书、工作的中老年人有了虚拟的陪伴，快手 APP 带来的方便快捷与丰富的 UGC 模式吸引着孤独的中老年用户。

3.3.2 购物：方便实惠，偶有质量需提高

访谈对象 C："在直播间看到电商卖货，比如，衣服、洗衣液、染发膏等，我都买过，这些商品比实体店里便宜。"访谈对象 B："我在快手 APP 买过挺多东西。"不知从何时开始，中老年用户学会了网购，网购成了一件既便利又省钱的事，对他们来说，快手 APP 的"直播带货"方便新颖，在家挑选、付款，

等待商品送达即可。访谈对象 A："上次让你给你姥爷买的裤子质量挺好，价钱还不贵。"对于部分中老年人来说，网上的商品价格实惠、种类丰富，是购物的更佳选择。但网购也具有风险性，快手的商品存在着质量良莠不齐、虚假宣传等问题，因此，商品质量的保障还需平台、用户、监管部门三方的共同努力。

3.3.3 知沟：多样知识摄入，跟上新时代

访谈对象 B："在快手上看别人的视频，感觉可有道理了，还有讲销售的那些视频。"访谈对象 E："上次看快手 APP 上发的腌鸡翅的教程，跟着做了，还挺好吃的。"部分中老年人接受的教育较少，而快手 APP 的知识科普，比如烹调教学视频等，能够拓展中老年用户的认知，丰富其精神世界。从快手 APP 中可以汲取更多更现代化、更科学的道理，如对子女的教育新观念、相处新方式等，这有助于其转变传统观念、与子女的沟通更加顺畅。中老年人也有自己的困惑与忧愁的事，一些不愿同亲友、子女诉说的心事，通过了解短视频中蕴含的道理与人生哲理或许能够帮助他们缓解负面情绪。虽然知识鸿沟是不可跨越的，但可以尽力去缩小，即使其一直存在，也不必强求让其消失。人类个体具有极强的差异性，有其自身所追求的价值观，即使社会科学知识含量不高，即使快手被众多青少年所诟病，但是部分中老年用户仍能从中获益。

3.3.4 新行业：提供工作，增加收入

访谈对象 D："电商可没少挣钱，直播一场卖不少货。"访谈对象 A："那天看卖货，一会儿就卖出 1000 袋熏鸡。""直播

带货"一度成为这个时代的热点,而在快手 APP 中,许多县城的主播开始走上"直播带货"之路,以其自身的故事与特色吸引到不少用户观看,为其带来"流量",部分原本贫困的家庭,也因主播成为同城中的"小网红"而收到礼物、得到好心人的帮助,其粉丝量与其他主播相比依然较少,粉丝群体都是同城中的中老年人,但也有了一份收入。不少农民也成为电商,在网络上售卖自家农产品,这在一定程度上有利于乡村振兴。

4 快手 APP 中存在的其他问题与对策

4.1 智能推送易致"信息茧房":优化信息多样性

快手 APP 中的短视频作品采用智能算法推送机制,通过强大的算法和数据抓取技术,可以较为精准地描绘用户画像,根据用户的喜好推荐视频。其初衷是希望用户能够浏览到与自身喜好相关的短视频、信息,为其带来满足感,但这种方式也有局限性,人们浏览的归根结底是同质化的短视频,如此极易产生"信息茧房"现象——公众的信息需求并非全方位的,往往是跟着兴趣走,久而久之,会将自身桎梏于像蚕茧一般的"茧房"中。这源自人们不可避免的先入之见,以及人们都喜欢听赞同之词的心理,群体与个人一样都喜欢听附和的话。网络虽能提供丰富的信息,但制造的却未必是无限开放的社交平台,而是密闭化的空间。"信息茧房"是对网络影响另一角度的认

知,网络带给个体与社会的并不只是"开放"与"多元"。❶

快手 APP 为迎合用户,通过大数据将中老年人感兴趣的同一种类型的短视频推送至老年人面前,长此以往,其"信息圈"被同质化内容包围,导致中老年人信息输入单一,陷入自我取悦中故步自封,甚至使知识鸿沟扩大。因此快手开发与管理者应更改推送机制,通过多元性内容推送丰富用户信息接收;内容生产者应对作品进行创新,避免同质化内容创造;中老年用户应破除自我满足的"信息舒适圈",拓展视野,了解各领域内容,以此在潜移默化中提升中老年用户群体认知机制,达到缩小知识鸿沟的效果。

4.2 内容良莠不齐:平台加强监管

据调查问卷、访谈记录以及观察记录,在快手 APP 中,尤其是同城栏目里,一些短视频存在内容低俗、视频质量低、视频信息不实的问题,个别视频、直播甚至存在辱骂他人的现象。此外,电商商品的质量问题也如短视频内容一样良莠不齐,各种产品鱼龙混杂,媒介素养不足的中老年用户难以分辨真假,这是由于商家的投机取巧与平台监管力度不足造成的。对"低俗视频"管制不力造成用户对快手形成"土味""低俗"等印象。关于"土味视频",陈志翔的定义是以土味"社会摇"和土味情景剧为主要内容,发布于快手、微博等平台的短视频。具有明显的乡土特点,且画质不高、不加过多修饰,视频内容

---

❶ 桑斯坦. 信息乌托邦:众人如何生产知识 [M]. 毕竞悦,译. 北京:法律出版社,2008:15.

呈现较为老套，演员演技浮夸，无法给受众带来审美享受。❶ 但"土味"也是一种特色，其中一部分短视频是农村中老年用户的自我展示，也是其网络娱乐活动，需要警惕的是传播不良价值观的"土味视频"，因此需视频审核者严格把控。更须处理的是"低俗"的短视频。本文认为，封面"擦边"、视频内容言语不堪入耳、具有不良价值观的短视频均可被定义为"低俗"视频，相关监管部门应注意快手APP中存在的"低俗"内容并及时处理。

对此，应从两方面来整改：一是快手APP平台与监管部门要进一步制定用户管理准则，对内容"低俗"的短视频、存在不良价值观引导的短视频以及售卖"三无产品"的账号给予视频删除、商品下架等惩罚，并对账号用户进行警告，严重违反者进行封号处罚，快手官方可提示、鼓励用户上传高质量、文明的视频，营造良好的网络生存空间。二是用户自身要加强媒介素养，具备一定的个人素质，应杜绝虚假与"低俗"作品，上传视频、评论互动时应注意自身言行，为所有用户营造清朗的网络短视频空间。

5 研究结论与讨论

快手APP因操作简单易学、内容丰富而成为中老年用户群体获取信息、休闲娱乐的新方式。本文通过文献阅读、调查问

---

❶ 陈志翔. 抵抗与收编："土味视频"的亚文化解读 [J]. 新闻研究导刊, 2018, 9 (7): 74, 76.

卷与访谈等方法可知，大部分中老年人使用快手APP是一种与时代接轨、紧跟潮流的行为，其与子代的代沟、矛盾，随着他们知识的积累而淡化。同时，快手APP的使用也令其生活和娱乐方式具有多样性。青少年群体有更多形式的网络接触，而中老年群体也逐渐增加网络接触，使用快手APP进行购物、表达心情和读取新闻，进一步了解周边的人、事、物等。总体来看，这一现象代表着社会的进步与经济的良好发展，也是中老年群体缩小知识鸿沟、增长见识、获取信息的新方式，但快手APP也存在着诸多问题，今后需要社会、监管部门和用户三方去共同解决。

  关于中老年群体在使用快手APP的过程中能否缩小知识鸿沟的问题，确实有待商榷。有不少学者认为，新媒体的出现与算法推荐等新技术或许会扩大知识鸿沟，但本文认为，知识鸿沟的判断需要拥有参照物，如今的中老年群体与从前的中老年群体相比，前者知识信息量显然更高且处于增长状态，其幸福感也得到一定程度的提升，这便是积极现象。对于中老年群体来说，快手APP也许是其接触网络的第一步，可起到"网络启蒙"的作用，随着中老年群体新媒介接触的多样化发展之后，这一群体必将获得新的进步。

碎片化情境下学习类 APP 用户打卡行为的动机研究

高龙梅

1 研究背景

随着互联网的不断发展，大众与网络的连接愈发密切，如今的学习方式已经不再停留于传统线下课堂教学。网络使人类主体能够随时随地地交流互动，利用支配自由时间进行认知盈余与知识共享。在自由时间碎片化的背景下，学习类 APP 也越来越多。2020 年以来，基于移动数字互联网展开的线上通信方式成为跨地域交流主要方式。碎片化学习逐渐成为大众进行知识学习活动的主要方式。

在学习类 APP 中的打卡可以起到促进坚持学习行为，提升学习效果的作用。打卡活动最早可追溯至工业生产时代，是工厂管理者为记录并核验工人工作时长、方便流水线生产管理而展开的考勤活动。打卡行为刚开始是用于上班考勤，但随着互联网与数字技术的发展，打卡活动的功能范围已经超出生产实践活动，应用于运动健身、知识储备和理论学习等活动中，成为个体自我监督的效用功能。

本文旨在研究碎片化时间背景下，探究用户使用移动学习类 APP 进行打卡学习的深层动机，对打卡行为动机研究可以明确学习类 APP 打卡用户的心理，增加用户黏性，同时使用户更好地获取知识、完成目标，从而提升自我。通过对学习类 APP 打卡机制的研究，可以更好地提升平台营销效果，同时注意力经济对平台本身的提升提供了现实依据，根据研究可以更好地为平台引流，增加平台流量收入进而变现。一方面，用户通过学习行为满足自我提升的需求，通过打卡行为满足心理需求；另一方面，平台由于用户打卡分享这一行为获取流量、吸引注意力，同时每天设置的打卡增加用户黏性，增加平台收入，实现用户与平台的双赢。

2 文献综述

学习类 APP 用户打卡行为动机的研究建立在互联网技术的不断发展之上，打卡行为刚开始是用于上班考勤，但随着互联网的发展，打卡的意义与形式变得更为丰富。打卡行为基于互联网技术，逐渐应用于生活的各个领域。国内有关学习类 APP 的打卡动机研究基于传播学理论及互联网传播模式，从学习类 APP 的功能使用发展策略角度与用户学习效果角度进行研究。

数字技术和移动互联网技术的联动赋能，使得打卡活动超越了上班考勤应用领域，延伸至知识理论学习、娱乐消费和健身锻炼等实践领域，在主体生存发展活动中发挥监督功效。先前关于学习类 APP 的研究大多立足于传播学的理论框架及互联网传播模式的分析视角,对用户打卡行为的动机进行了深入探讨。这些研究从功能设计及其推广策略的演进路径出发,考察了其对用户学习成效的影响。通过整合传播理论与实践数据分析,学者们力图揭示学习类 APP 设计特性如何激励用户参与,以及这种参与如何转化为具体的学习成果,从而为理解数字化学习环境下用户行为动机及教育技术的优化提供了丰富的理论依据与实证洞察。

2.1 研究目的

本研究聚焦于利用学习类 APP 进行碎片化学习的行为实践和主体动机,以分析碎片化情境下用户对学习类 APP 的使用习惯,在知识付费与认知盈余的背景下,利用碎片化时间进行学习并打卡,不但可以提升主体能动性和学习意愿,而且可以通过打卡的方式强化社会互动。从用户层面上来说,可以更好利用碎片化时间进行知识储备,并制定适合自己的个性化学习模式,不断创造个人价值,通过打卡带来的满足感可以推进自身坚持打卡学习的意愿;站在学习类 APP 研发者立场,本研究可供产品研发者优化软件自身的功能,通过研究用户打卡动机提高用户坚持打卡意愿、以便更好地增加用户黏性,找出学习类 APP 自身发展策略。

2.2 理论演进

碎片化学习是将学习内容分割为碎片,在拥有少量时间的空隙中进行学习的方式。随着网络的发展,碎片化学习变得更加容易实现，互联网打破了时空、资源、技术、交互等因素的限制，为学习者提供随时随地学习任意内容的环境。

随着网络的发展，打卡行为从线下转变到线上，同时受众也可以通过线上打卡分享的方式进行社会互动，将现实生活进行场景化。学习打卡作为一种新的学习方式同样被赋予社交属性，利用碎片化时间进行学习并打卡的方式可以多个维度地在网络上展示自己的学习成果。随着技术的发展与不断增加的学习需求，学习打卡成为了线上学习的一种方式，通过社交平台进行的打卡行为，不但可以展示自我塑造形象，而且同时可以获取知识、缓解学习焦虑。

2.3 相关综述

有研究表明，碎片化学习相比常规学习灵活性更强，让用户快速获取所需要的知识进行学习，进行个性化的内容获取，可以随时根据自己的需要与时间条件灵活调整学习内容。但与此同时，碎片化学习方式由于将知识内容割裂开来，容易导致学习内容体系分散、没有重点、无法聚焦等缺陷，不利于体系化知识内容的掌握，学习内容同样只局限于肤浅知识的获取上，甚至导致注意力分散与浅层次阅读的问题。❶❷❸

在心理层面，碎片化学习打卡的行为可以在社交平台上树

---

❶ 陈媛. 基于碎片化问题的非线性认知模式研究 [J]. 电化教育研究, 2014, 35 (11): 22-29, 58.

❷ 何峰赋. 移动互联时代碎片化学习资源适用场景与高效管理的探讨 [J]. 信息系统工程, 2018 (12): 62.

❸ 常李艳, 陈思璐, 刘婧, 等. 信息碎片化环境下大学生移动学习行为影响因素研究 [J]. 中国教育信息化, 2022, 28 (5): 50-58.

立人物设定，并获得社会认同。"使用与满足理论"提出，受众为更好地满足自己的需求而使用媒介，而打卡行为满足了自我的需求。但在此过程中也产生了过于关注形式而忽视学习本身的弊端，网络打卡分享的行为模糊了社交与学习的界限，致使用户在社交媒体打卡后的满足中迷失，从而失去了学习打卡本身的意味，使用户沉溺于学习打卡后呈现的优质自我形象表达，从而导致认知偏差与学习能力的降低。❶❷

先前有学者指出，智能媒体时代的学习打卡成为了一种社交化学习，他们认为大众在工作压力与生活压力导致焦虑的同时，学习焦虑也伴随而生，从而产生学习需求，而打卡正是一种缓解学习焦虑的社交化学习方式，用户可以在 APP 内进行学习并打卡分享。作为知识付费的一种模式，用户通过付费方式解锁资源内容，利用打卡分享的形式记录、量化、展示自己的学习成果。❸ 研究指出，移动时代的社交化学习面临着若干挑战：碎片化的学习时间可能导致知识结构零散；公共领域与个人观念的边界消弭；因追求签到而引发的集体狂热现象；以及自我呈现的偏差与认知失调问题，这些都是值得我们高度关注的现象。❹

在分析打卡动机时，有学者通过研究皮尔逊系数检验总结

---

❶ 邓思宜. 从传播学角度探析学习类 APP 打卡行为的动机和目的 [J]. 西部广播电视，2021，42（15）：49-51.

❷ 邹婷婷. 自我与幻象：新传播革命下微信朋友圈"学习打卡"现象研究 [J]. 传播力研究，2018，2（36）：99.

❸ 陈琦，张丰扬. 从集结到认同：移动通信新时代的社交化学习研究——以微信"打卡学习"为例 [J]. 未来传播，2021，28（4）：48-59，121.

❹ 陈琦，张丰扬. 微信媒介社交化打卡学习研究 [J]. 湖南工业大学学报（社会科学版），2021，26（4）：115-121.

出：学习打卡时间越长与坚持打卡天数呈现正相关的结论，将打卡动机中的积极影响总结为学习打卡这种网络传播行为对打卡的坚持有正向影响，从而得出通过学习打卡实现自我管理的行为是有效果的。同时，他将消极影响总结为自我形象的外部呈现，这使用户无法聚焦学习本身，打卡过程中的奖励机制在某种程度上刺激了用户打卡行为，使学习打卡中的商业化行为更加严重，从而忽视了学习本质。❶

在分析学习打卡效果时，一些学者通过研究英语词汇打卡APP对大学生的学习效果影响，分析打卡是否能对大学生学习英语起到激励与监督作用，通过实地调查等方法得出坚持使用英语词汇打卡APP有助于提高英语水平，且在心理上有激励学生继续坚持学习的作用。❷

2.4 总结分析

通过对前述研究的总结分析发现：对于学习类APP的打卡机制以及用户使用动机的研究具有积极影响和消极影响两个方面。在用户使用学习APP打卡的积极影响方面，用户可以通过打卡行为与分享的社交行为获得满足，减少学习焦虑的情绪，同时获得所需要的知识，利用碎片化时间进行知识获取可以让学习变得更方便快捷。在学习类APP上的打卡互动行为可以使用户在网络上因趣缘增强社会互动，赋予打卡分享行为一定的社交属性。而在用户使用学习类APP打卡的消极影响方面，用

---

❶ 闫明. "全民表演"：社交软件中"打卡学习"行为动机研究 [J]. 新媒体研究, 2019, 5 (13): 54-55.

❷ 米婷, 章如诗, 钱雨琦, 等. 打卡类英语学习软件对大学生学习效果的研究——以词汇打卡软件为例 [J]. 电脑知识与技术, 2020, 16 (12): 84-87.

户通过打卡行为所完成的内容学习容易导致其过度关注打卡形式而非内容本身，使用户只沉溺于打卡分享所带来的满足，而模糊了学习与社交的界限，由于学习本身是严谨的过程，而打卡只是一种辅助学习的模式，所以过于丰富多样的打卡可能会影响内容学习的本质。

本文的创新点主要是将碎片化学习与打卡行为进行结合，对打卡行为的动机与心理进行研究，主要探讨打卡这一行为在碎片化时间内对学习本身的影响程度，在多样化的打卡活动与碎片化时间的学习行为之间进行比较与分析，同时对学习类 APP 内的打卡形式与支持碎片化学习方式的功能进行总结，讨论学习类 APP 的发展空间与更新路径，实现对 APP 本身的优化与利用碎片化学习，以及打卡行为吸引人们主动学习的效果。

3 研究方法

学习类 APP 用户打卡行为是指用户通过网络平台下载学习类 APP 并在每日集中进行学习资源获取、内容学习、完成任务等活动后的打卡行为。已有的学习类 APP 打卡行为研究多采用量化研究方法（如问卷调查）进行，其优点在于可以快速了解用户态度、学习意愿、坚持情况、行为程度并进行统计以及量化研究分析，但量化的研究方法不适合对打卡行为和动机进行深入地剖析与研究，需要对行为意愿及其背后的动机原因进行深入剖析，提供详尽的描述与阐释。本文采用"焦点小组访谈法"与"案例分析法"，先进行焦点小组访谈以获取质性资料，利用 Nvivo 软件进行二级编码与质性分析，提取关键词并制作图表以获取访谈成员对问题的主要观点以及个人情况。针对访谈内容中出现最多的、使用范围最广泛的学习类 APP 进行使用并研究，利用案例分析法对其进行打卡机制、使用功能等内容的分析。

3.1 焦点小组访谈

焦点小组访谈时间为 80 分钟，研究者运用访谈技巧有效地与访谈对象进行灵活沟通并推进访谈进程。

本次访谈问题主要从使用过的学习类 APP 类别，进行学习打卡行为的原因，进行学习打卡的时间，影响打卡行为坚持时长的原因，使用过的学习类 APP 的优缺点，利用碎片时间学习的体会，学习过程中的感受，在使用学习类 APP 时更侧重打卡形式还是学习内容，碎片化学习打卡对学习深度的影响和看法，对学习类 APP 特性的需求，对现有学习类 APP 的评价进行 10 个层面递进式的提问，在提问过程中，根据讨论情况灵活设置追问。

3.1.1 访谈对象

本研究选取 7 名在校研究生、1 名在校本科生、1 名新入职应届毕业生为研究对象，对该 9 人组成的小组进行焦点小组访谈，在研究对象的选取过程中，对男女比例进行平均，同时为了保证访谈结果的有效性，研究者选取基本情况差异较小的访谈对象进行访谈。

3.1.2 资料收集

由于受到时空限制，研究者选择利用腾讯会议进行线上访谈并进行录制，并以文字方式整理访谈资料及总结。事先征求小组成员同意，阐述大致流程与主题并确定访谈时间，根据需求以及议题深入程度拟定访谈提纲，在实际访谈时，过程按照访谈提纲进行访谈推进，并灵活地补充讨论内容及追问。

3.1.3 资料分析

讨论结束后，将访谈音频及视频资料转化为累计 2 万字以上的文字资料，将文字资料进行编辑整理，去除访谈过程中的冗杂无用内容，对其进行概括与总结。

利用 Nvivo 20 对文字内容进行手动编码和关于主题的自动编码。手动编码即通过添加内容节点将文字资料运用二级编码进行整理：一级编码节点设置为主要讨论的话题以及灵活添加的议题，二级编码节点设置为访谈对象对问题的看法与补充。将关于打卡时间、对碎片化学习的看法、使用学习类 APP 打卡的侧重点、打卡原因、学习深度、对碎片化学习打卡的看法、学习类 APP 的优缺点作为一级主题进行编码、访谈对象具体回答主题作为二级节点进行编码，累计手动编码节点 48 个，以分析研究对象在访谈过程中对话题内容的看法和相关程度。

除利用手动编码确定内容相关性外，使用自动编码对整个访谈过程中所出现的高频主题进行自动二级编码，将关于 APP、背单词、打卡、打卡的主题、单词、机制、软件、时间、学习等话题作为一级主题进行自动编码，其下的具体话题作为二级编码，累计编码的主题参考点共计 160 个，以分析研究对象在访谈过程中讨论话题的侧重点。

3.2 案例分析

在焦点小组访谈过程中,包括组织者在内的 10 人均使用过背英语单词类的学习类 APP 进行打卡学习,不背单词 APP 被选为案例研究对象,通过对不背单词 APP 进行一段时间的使用,分析其功能操作与打卡机制,以探求学习类 APP 优化路径,以及如何有效地进行碎片化学习。

4 研究结果与讨论

制作访谈内容及主题词语云图,如图 1 所示,根据主题进行分析并研究。

图 1 访谈内容词语云图

4.1 个性化定制影响选择

在访谈过程中，发现所有人都使用过背单词的学习类 APP 进行打卡，其原因多是为了考试做准备。外语学习从小便伴随大多数人的成长，背单词更是外语学习的基础，因此背单词的学习类 APP 的使用是最频繁的。而也有人表示是出于阅读需求而使用的学习类 APP 进行读书打卡。从对访谈内容进行编码的结果上看，背单词的学习类 APP 的使用是最多的，其中包括有些人对日语、韩语等语种的学习，其打卡行为也是最频繁的。

通过对访谈结果进行分析，用户多以碎片化形式使用背单词的学习类 APP 进行打卡。其原因是单词作为知识碎片的形式并不影响学习体系整体，相较于系统化的学习结构而言，单词的记忆对学习起正向作用，可以随时随地进行，因此在碎片化时间选择背单词的学习类 APP 进行学习打卡是相较于其他体系类学习效果收益更大的选择。

在探讨学习类 APP 选择的话题时，有人表示十分注重其个性化定制。该观点在访谈中立刻获得他人认可，其原因是用户对学习的需求不同，个性化的功能更适应从自身情况出发设置的学习方式。访谈对象表示，虽然使用过许多背单词的学习类 APP 进行打卡，但有个性化定制功能的学习类 APP 是用户打卡坚持时间最长的，其原因也是个性化的功能可以设置学习内容的侧重。例如，在不背单词 APP 使用过程中，用户能够自主选择是否进行单词拼写的记忆练习、提示中文还是英文，可以设置每日定时提醒等个性化功能，根据需要定制背单词的模式对记忆效果有正向帮助。

同时，一些学习类 APP 十分注重用户的互动性以及陪伴感，这也是影响用户选择学习类 APP 打卡与否的原因之一。有访谈对象表示，他十分注重学习中的陪伴感，学习本身是一个枯燥单调的过程，更有交互感以及陪伴感的学习类 APP 可以让他更好地坚持学习打卡。例如，"多邻国""不背单词" APP 用户可以通过邀请的方式与朋友一起学习，同时可以看到对方的学习进度，可以通过这种方式与朋友进行学习交流。

此外，奖励机制与不定时的学习任务、活动也可以促进用户的打卡热情与坚持。在不背单词 APP 中经常有一些官方活动，如"坚持打卡 14 天瓜分酷比（虚拟货币）奖励"等活动也可以使用户进行组队学习并坚持打卡，通过奖励机制使用户为了达成目标得到奖励而继续坚持打卡。

在学习类 APP 中最重要的就是学习资源的丰富性。丰富的学习资料可以使用户使用需求更加强烈，同时知识付费也是学习类 APP 盈利的一种方式。在不背单词 APP 中，一些单词书写功能需要付费才能解锁，而除了付费的方式，坚持打卡 2 年的用户则可以获得酷比，通过其可以兑换原本应该付费的资源，这也是一种引导用户坚持打卡的方式。通过这种策略，既可以保证用户坚持打卡，增加用户黏性，又可以使用户获得学习资源。

4.2 满足与奖励的打卡动机

在探究打卡行为的动机时，多数访谈对象表示，软件内置的奖励机制是他们持续打卡的重要动力。此外，他们认为学习打卡不仅能实现个人价值，而且还是一种展现自我、参与社交化学习的方式。用户倾向于在社交媒体上分享自己的打卡内容及持之以恒的学习成果，以此作为积极自我呈现的手段。也有访谈对象表示，之前坚持了许多天，如果中途取消打卡会浪费自己的沉没成本，于是选择继续坚持学习打卡。还有人表示，开始打卡的原因是想要获取知识，与此同时，缓解学习所导致的精神焦虑。APP 的功能完好与优质活动也是一些访谈对象坚持打卡的原因。同时 APP 还会设置打卡提醒，提醒程度的强弱也会影响打卡动机。

学者尼尔·埃亚尔提出"上瘾模型"的概念，即"触发—行动—多变的酬赏—投入"。❶ 在学习打卡的过程中，学习焦虑与学习分享成为触发用户进行打卡行为的动力，每日学习打卡中的各种奖励机制与打卡目标成为一种激励方式，不断触发用户进行打卡行为，通过创新打卡形式、提供多样的奖励活动，以不断增强用户体验感。

学习打卡过程中的自我满足与自我呈现效果也是打卡的动机之一。有访谈对象表示，会将学习的成果发布到社交媒体平台，这些打卡是学习过程的一个记录，在回看时也会激励自己继续坚持。打卡分享作为在社交媒体平台上进行自我呈现与自我监督的形式之一，社交媒体的公域特性可以使用户与网友进行相互监督，形成趣缘。在打卡过程中，用户回看打卡记录作为一种回忆学习过程的方式，同样会让其内心产生满足感，这些满足感也变成了推动其继续坚持打卡的动力。

---

❶ 埃亚尔，胡佛. 上瘾：让用户养成使用习惯的四大产品逻辑［M］. 北京：中信出版社，2017.

4.3 碎片化学习的优劣

在利用碎片化时间进行打卡行为时，从积极的方面来看，碎片化学习增长学习的时间，利用碎片化的时间让个人生活变得充实而有意义；从消极的方面来看，利用碎片化时间进行的学习内容无法保证学习的完整性。有些访谈对象表示，碎片化学习虽然很有效率，但只适合学习浅度内容，在学习深度内容时会影响学习的完整性，也会打乱之后安排做其他事情的节奏。但同时，利用碎片化时间进行学习打卡也是公认的将碎片化时间赋予更有意义价值的活动之一。

在碎片化情境下，学习时间变得更为灵活，学习也变得更加自主，而打卡行为正是让学习变得更为自主的一种有效自我监督方式。但与此同时，碎片化学习也带来了一些关于学习效果方面的问题，碎片化的学习方式使学习者的注意力无法聚焦，学习效果除了受到时间的影响，也受到内容、环境、方式等方面的影响，碎片化学习无疑使学习效率增加，但带来的学习方面的问题也相伴而生。

4.4 内容与形式共存

学习类 APP 的开发与其他类别的 APP 需求不同，资源作为软件的硬性需求，其资源的获取在 APP 开发过程中是一大问题。背单词的学习类 APP 的复习机制过于死板。有访谈对象表示，单词的复习机制不可更改，缺乏人性化。一些 APP 采用艾宾浩斯记忆曲线作为复习机制，尽管该方法在理论上有利于增强记忆效果，但随着学习单词积累量的不断增加，单词复习的负担可能变得过于沉重，进而转变为导致用户中断或放弃持续打卡行为的重要因素之一。

在打卡过程中也会有更侧重形式而非内容的情况出现，打卡作为一种仪式感的行为，通常容易变得形式花样繁多，往往引起用户重视打卡形式而忽视内容学习。此外，多数访谈对象还表示，在学习打卡时，当时间冲突或时间不足时，则会选择快速划过今日的学习内容进行打卡，目的只为完成打卡形式而没有聚焦学习内容。虽然这样做会产生一定程度的愧疚感，但为了完成坚持打卡的记录以及让打卡过程变得完整也会选择这样做。

从 APP 运营商的角度来看，目前的学习类 APP 想要做到在趣味性与专业性之间的完美平衡是很难的。学习类 APP 同样需要盈利，需要用户坚持使用，因此就会推出各种不同的活动来吸引用户，用户往往在沉溺于新颖的学习方式时会忽视学习内容的专业性。有访谈对象表示，某些学习类 APP 就是因为学习方式过于花哨而无法真正提升自我，于是只能放弃使用。

4.5 学习类 APP 的优化路径

通过讨论学习类 APP 的优质特性时可以得出，个性化强的学习类 APP 打卡可以更加符合用户的学习需求。访谈对象表示，有些 APP 虽然可以按照艾宾浩斯记忆曲线定制复习计划，使学习记忆效率更高，但是并不适合他的学习习惯；但有些 APP 虽然打卡形式相对简单，但是却可以自己选择学习进度。还有访谈对象表示，自己喜欢在晚上学习，但 APP 中所默认的一日时间就是 0 时至 24 时，因此希望可以自己定制学习时间的划分。

通过研究可以发现，更个性化的学习类 APP 更受用户的欢迎，也更容易使用户打卡行为继续坚持下去。因此，关于学习类 APP 的优化和个性化定制是必不可少的。在互联网时代，大数据技术让学习类 APP 能精准地推送用户所需内容，提升个性化体验。定制学习计划和打卡制度要根据个人需求制定，有助于实现学习目标并提升学习效果，促进个人成长。用户坚持打卡显示出对多样化内容的需求，包括但不限于单词记忆，任何需背诵的知识点均可通过碎片化学习形式推送。这一做法不仅丰富了学习范畴，而且还促进了行业创新，特别是结合多样化的活动设计增强了用户参与度，推动了行业的拓展。

4.6 打卡学习的自我表达与成效反思

通过研究碎片化学习的打卡动机，可以发现很多人坚持打卡的原因与自我满足相关，学习打卡是用户自我表达的方式。网络的发展对大众的媒介行为、社会互动方式等方面都产生了很大的影响。

学者库利的"镜中我理论"提出，通过社会互动与社会交往可以形成"镜中我"，即个人在日常生活中倾向于展示理想的自我，而这种理想的自我正是"客我"的体现。利用"拟剧理论"可以解释为，用户将"打卡分享"这一行为放在前台以展示理想的自我，学习打卡的行为正是理想自我的表达，从而吸引他人注意，实现自我呈现并获取社会认同的过程。在这些理想自我的呈现过程中，就容易出现自我认知失调等问题，当"镜中我"与真正的自我出现差距时就会导致自我认知的模糊，甚至使自身产生焦虑，同时学习的本来需求也荡然无存，使用户只注重个人的塑造、打卡的形式，从而忽视了学习打卡行为是为了更有效地学习与自我提升本身的作用。

与此同时，虽然在碎片化时间内进行学习打卡给人以满足感，但学习平台为了吸引用户所作出的"花式打卡"过于重视打卡形式而非学习的坚持，容易使用户半途而废，最重要的还是鼓励用户继续坚持打卡、完成学习任务，从而达到提升自我的目的而非一时兴致使然。

对于碎片化学习类 APP 的打卡，需要利用打卡机制进行学习活动和自我监督，以保证学习活动的持续稳定。制订适合自己的学习目标与计划，打卡是为了辅助自身达到学习的目的，同时在使用学习类 APP 进行学习打卡时不应为了形式而打卡，而是自己真实了解自身需求，真正进行学习后感受学习内容是否合适自己，打卡方式是否需要。在碎片化时间内进行学习，虽然增强了学习效果，但也不能为了提高学习效果而盲目打卡学习。

大学生在社交平台的自我呈现对主观幸福感的影响研究

——以哔哩哔哩为例

崔严文　马梦君　王亚萍　邵琳茗

在互联网技术与应用极其迅猛的发展下，网络空间便也不再是简单的文字，视频媒体的使用已经成为互联网使用中的一大浪潮，大学生更成为主力军。中国互联网络信息中心发布的第52次《中国互联网络发展状况统计报告》中显示，截至2023年6月，我国网民规模达10.79亿人，较2022年12月增长1109万人，互联网普及率达76.4%。截至2023年6月，我国网络视频用户规模达10.44亿，较2022年12月增长1380万人，占网民整体的96.8%；手机网民规模达10.76亿。其中，40岁以下网民超过50%，其中，20~29岁年龄段人群占比14.5%，居第三位。❶ 由此看来，大学生在网络视频平台的使用者中可以成为一个代表群体，以此分析大学生的某一个网络视频平台使用情

---

❶ 中国互联网络信息中心. 第52次中国互联网络发展状况统计报告[R]. 北京：中国互联网络信息中心，2023.

况,这对于中国整个互联网平台应用情况具有一定的参考意义和比较重要的现实意义。

1 研究评述与假设提出

自我呈现(self-presentation)又称自我展示,指个体为了控制他人对自己的印象而采取有选择性地展示自己的一种策略性行为,其体现了自我社会性的一面。而幸福是由需求(包括兴趣、动机、欲望)、认知、情感等心理因素与一些外部诱因之间通过交互作用形成的一种复杂的、多层次的心理状态,是当个体的需求得到满足或理想得以实现时就会产生的一种情绪情感状态。从现有研究分析来看,大学生在社交媒体视频上的自我呈现对主观幸福感影响效果未能取得很好的一致性。从社会资本理论角度来看,社交媒体自我呈现可以获得更多的社会资本或者社会支持感,进而增进个体的主观幸福感。❶ 从超人际沟通理论的视角来看,社交媒体自我呈现可以有效地提升自我评价,从而提升主观幸福感,如在社交网站上积极发布个人视频,可以获得更多的正向反馈;❷ 社交网站的个人主页照片中积极的自我呈现会收获更多如点赞等正向反馈,❸ 进而提高主观幸福

---

❶ HUANG H Y. Examining the Beneficial Effects of Individual's Self-disclosure on the Social Network Site [J]. Computers in Human Behavior, 2016, 57: 122-132.

❷ FRISON E, EGGERMONT S. Exploring the Relationships Between Different Types of Facebook Use, Perceived Oline Social Support, and Adolescents' Depressed Mood [J]. Social Science Computer Review, 2015, 34 (2).

❸ CHEONSOO, KIM, SUNG, et al. Like, Comment, and Share on Facebook: How each Behavior Differs From the Other [J]. Public Relations Review, 2017.

感。从客观自我觉察理论来看，社交媒体自我呈现容易引起自我参照归因而降低个体对自我价值的评价，引发消极情感和对自我的消极认知，从而导致主观幸福感的降低，如对线上自拍过度关注的个体，更在意自己的体型与社会标准之间的差距，个体表现更加焦虑。❶ 在哔哩哔哩（以下简称 B 站）这个视频平台，大学生用户可以通过弹幕、视频等形式分享自己的观点以及生活，也会因为此使心情发生变化。基于此，本文提出第一个假设。

H1：在 B 站，大学生用户的自我呈现与主观幸福感之间有正向影响关系。

自我呈现也是当代青年建立和维持人际关系的一个重要途径。此外，线上积极反馈是社会支持在互联网世界的具体形式之一。在线上，自我呈现越积极就越容易获得反馈，改善社会交往情况。也有研究已经证明，社交网络环境越积极就越可以带来更多自我呈现的线上积极反馈❷，提升社会交往情况。在 B 站中，大学生用户会以在自我呈现中分享经验或者自嘲等不同的方式获得关注，和粉丝互动，从而有利于构建自己的社会交往的网络圈子。在此，本文提出第二个假设。

H2：在 B 站，大学生用户的自我呈现与社会交往情况之间有正向影响关系。

社会交往是人类社会生活的重要内容，人的社会交往情况

---

❶ A R C, A N J, B A S. 'Selfie'-objectification: The Role of Selfies in Self-objectification and Disordered Eating in Young Women [J]. Computers in Human Behavior, 2018, 79: 68-74.

❷ 刘庆奇, 孙晓军, 周宗奎, 等. 社交网络中的自我呈现对青少年自我认同的影响：线上积极反馈的作用. 中国临床心理学杂志, 2015, 23 (6), 1094-1097.

(行为和生活)对一个人的心理健康有着重要的影响,很多国内外研究表明,社会交往情况是影响人的幸福感感知的重要因素。如科恩·谢尔顿和威尔斯·托马斯指出,拥有良好社会关系和人际交往能力的人要比那些社会关系和人际交往能力差的人更不容易患上心理疾病和背负更多的压力,这都直接影响人的身体健康,从而影响他们的幸福感。❶

国内学者徐凤莉以马克思主义幸福观为指导基础指出,人们提高社会交往能力,实质是提高别人对自己的认可度和接纳程度。因为认可度和接纳度的高低,对人的幸福感获得有着直接的影响。这对于大学生要更加的明显。因为相比进入社会的人群,大学生群体相较而言更为单纯,社会对他们的认可与接纳对他们产生的影响也会更为明显。❷而本文则着重于分析大学生用户在 B 站这个视频平台上的社会交往情况与其主观幸福感之间的影响效果。本文提出第三个假设如下。

H3:在 B 站,大学生用户社会交往情况与主观幸福感之间有正向影响关系。

大学生用户自我呈现越多就越会扩大其人际交往圈子,与好友之间互动等行为使其社会交往情况更加良好,而被提升的社会交往情况又会使得主观幸福感得以提升。同样,也有研究发现,自我呈现后社会交往情况越好,就越有利于提升主观幸福感。社会交往情况良好是社交网站自我呈现与幸福感之间重

---

❶ COHEN S, WILLS T. Stress, Social Support, and the Buffering Hypothesis [J]. Psychological Bulletin, 1985, 98 (2): 310-57.

❷ 徐凤莉. 浅析当代大学生幸福感提升路径 [J]. 世纪桥, 2013 (1): 47-48.

要的中介变量。❶ 线上自拍照的自我呈现，是以积极反馈的形式提升社会交往情况，进而可以直接和间接地预测自我呈现者的主观幸福感。❷ 在 B 站上，大学生用户通过视频、评论分享的发布，可以有效地找到与自己的想法、观点一致的朋友，进而使得其主观感受发生变化。分析在 B 站社交平台的自我呈现与主观幸福感之间的影响效果，以社会交往情况为中介变量。因此，本文提出第四个假设。

H4：在 B 站，大学生用户的社会交往情况在自我呈现对主观幸福感影响中起中介作用。

2 研究对象与方法

2.1 样本选取

本文以山东省大学生群体为研究对象，通过问卷调查法进行定量研究。

2.2 问卷设计

问卷由社会交往情况、自我呈现、主观幸福感等测评项构成。社会交往情况量表采用李霄和李静爽编制的用来测试社交媒体使用行为和社会交往情况量表，经过调整，去除不符合研

---

❶ 牛更枫，鲍娜，周宗奎，等. 社交网络中的自我呈现对生活满意度的影响：积极情绪和社会支持的作用 [J]. 心理发展与教育，2015, 31 (5)：563-570.

❷ 孟男，王玉慧，雷雳. 自拍照编辑与女大学生主观幸福感的关系：积极反馈与自我概念的中介作用 [J]. 心理发展与教育，2017, 33 (6)：751-758.

究问题的题目，包含陌生人际关系和熟人人际关系两个维度。自我呈现量表参考了李静和汪仕旸的自我呈现量表，共包含6个维度：理想化自我呈现、真实的自我呈现、自我表露程度、能力显示、示弱和逢迎讨好。主观幸福感量表采用的是杨春晓的主观幸福感问卷，共包含生活满意度和情感平衡两部分。

2.3 数据收集

采用线上问卷的形式，通过投放山东省某高校学生群以及在同龄大学生之间转发，最后共收集240份有效问卷。样本中，男生占比26.4%，女生占比73.6%。从受教育程度来看，大专生47人（占比20%）、本科生181人（占比77%）、硕士及以上学历7人（占比3%）。

其中，68.9%的B站用户使用时间都在半年以上，有11.5%的B站用户使用时间在3~6个月，19.6%的B站用户使用时间在3个月以下。

2.4 研究方法

在分析方法上，采用独立样本 t 检验、因子分析、相关性分析、层级回归分析、偏相关分析等来验证研究假设及各变量之间的关系。

采用独立样本 t 检验分析大学生在B站的自我呈现、所产生的社会交往、主观幸福感是否存在性别的差异。采用相关分析与回归分析验证自我呈现、社会交往情况与主观幸福感之间的关系。采用偏相关分析来验证在自我呈现对主观幸福感影响模型中，社会交往情况的中介作用。

3 数据分析与研究结果

3.1 量表信效度分析

对回收的 235 份有效问卷进行信度检验之后,结果显示:社会交往情况、自我呈现、主观幸福感的 α 值均大于 0.70,说明量表的信度较高,如表 1 所示。

表 1 各测量量表信度分析

可靠性统计		
维度	克隆巴赫系数 Alpha	项数
社会交往情况	0.967	6
自我呈现	0.960	22
主观幸福感	0.892	15

KMO 检验用于考察变量间的偏相关性,取值在 0~1,KMO 统计量大于 0.6,巴特利特显著性水平小于 0.05,则证明原始数据是非常适合进行因子分析的。经检验,量表 KMO 值为 0.941,且 Bartlett 球形检验 P 值为 0.000,适合做因子分析,具有较好的效度,如表 2 所示。

表 2 因子分析

KMO 和巴特利特检验		
KMO 取样适切性量数		0.939
巴特利特球形度检验	近似卡方	10394.830
	自由度	903
	显著性	0.000

3.2 自我呈现分析

本文中测量的自我呈现分为 5 个：理想化呈现、真实的自我呈现、自我表露程度、能力显示、逢迎讨好，如表 3 所示。

表 3 自我呈现描述统计

类目	N	最小值	最大值	均值	标准偏差
理想化呈现	235	1.00	5.00	3.5021	1.06166
真实的自我呈现	235	1.00	5.00	3.5277	0.98372
自我表露程度	235	1.00	5.00	3.1453	1.10167
能力显示	235	1.00	5.00	3.4993	1.19487
逢迎讨好	235	1.00	5.00	3.4078	1.16870
有效个案数（成列）	235	—	—	—	

在 B 站，大学生用户的自我呈现总体处于居中偏上水平，其中，真实的自我呈现较高，而自我表露程度相对较低。

通过独立样本 t 检验来考察不同性别的大学生用户在 B 站的自我呈现上是否存在差异，结果显示：男、女在自我呈现的"自我表露程度""能力显示""逢迎讨好" 3 个维度上均存在显著差异。性别与其余 2 个维度均无显著性，如表 4 所示。

3.3 主观幸福感分析

本文中测量的主观幸福感维度分为两个：生活满意度和情感平衡，如表 5 所示。

表 4 自我呈现独立样本检验

		莱文方差等同性检验		平均值等同性 t 检验					差值 95% 置信区间	
		F	显著性	t	自由度	Sig.(双尾)	平均值差值	标准误差差值	下限	上限
理想化呈现	假定等方差	5.347	0.022	1.097	233	0.274	0.17238	0.15708	-0.13709	0.48186
	不假定等方差	—	—	1.000	92.121	0.320	0.17238	0.17233	-0.16988	0.51465
真实的呈现	假定等方差	12.373	0.001	1.476	233	0.141	0.21439	0.14524	-0.07177	0.50054
	不假定等方差	—	—	1.298	87.463	0.198	0.21439	0.16514	-0.11382	0.54260
自我表露程度	假定等方差	3.039	0.083	3.332	233	0.001	0.53191	0.15966	0.21735	0.84647
	不假定等方差	—	—	3.269	103.991	0.001	0.53191	0.16272	0.20923	0.85460
能力显示	假定等方差	0.026	0.872	2.468	233	0.014	0.43185	0.17497	0.08713	0.77657
	不假定等方差	—	—	2.532	113.061	0.013	0.43185	0.17053	0.09399	0.76970
逢迎讨好	假定等方差	0.012	0.914	2.879	233	0.004	0.49040	0.17036	0.15476	0.82603
	不假定等方差	—	—	2.930	111.338	0.004	0.49040	0.16735	0.15878	0.82201

表 5 主观幸福感描述统计

描述统计（1=完全不赞同，5=完全赞同）					
主观幸福感	N	最小值	最大值	均值	标准偏差
生活满意度	235	1.00	5.00	3.6340	0.91457
情感平衡	235	1.80	5.00	3.4966	0.66570

在 B 站，大学生用户的主观幸福感总体处于居中偏上水平，其中，生活满意度要较高于情感平衡，如表 6 所示。

表 6 主观幸福感组统计

组统计					
主观幸福感	您的性别：	个案数	平均值	标准偏差	标准 误差平均值
生活满意度	男	62	3.8806	0.97675	0.12405
	女	173	3.5457	0.87739	0.06671
情感平衡	男	62	3.6500	0.83189	0.10565
	女	173	3.4416	0.58816	0.04472

通过独立样本 t 检验来考察不同性别的用户在 B 站的主观幸福感上是否存在差异，结果显示：男、女在主观幸福感的"生活满意度"维度上存在显著差异。性别与其"情感平衡"维度上无显著性，如表 7 所示。

3.4 社会交往情况分析

本文中测量的社会交往维度分为两个：熟人类人际关系，基于人情原则下发展的人际关系类型，如老乡、同学、朋友等；陌生人类人际关系，使用社交媒体基于兴趣爱好或其他需求发展形成虚拟人际关系，如表 8 所示。

表7 主观幸福感独立样本检验

		莱文方差等同性检验		平均值等同性 t 检验						
		F	显著性	t	自由度	Sig.(双尾)	平均值差值	标准误差差值	差值95%置信区间	
									下限	上限
生活满意度	假定等方差	3.014	0.084	2.502	233	0.013	0.33498	0.13388	0.07122	0.59874
	不假定等方差	—	—	2.378	98.461	0.019	0.33498	0.14085	0.05549	0.61447
情感平衡	假定等方差	14.940	0.000	2.131	233	0.034	0.20838	0.09780	0.01570	0.40106
	不假定等方差	—	—	1.816	83.859	0.073	0.20838	0.11472	-0.01977	0.43653

表 8 社会交往情况描述统计

描述统计（1=完全不赞同，5=完全赞同）					
社会交往情况	N	最小值	最大值	均值	标准偏差
熟人类人际交往	235	1.00	5.00	3.4362	1.17677
陌生人类人际交往	235	1.00	5.00	3.3234	1.18582

在 B 站，大学生用户的社会交往情况总体处于居中偏上水平，其中，"熟人类人际交往"要较高于"陌生人类人际交往"，如表 9 所示。

表 9 社会交往情况组统计

社会交往情况	性别	个案数	平均值	标准偏差	标准误差平均值
熟人类人际交往	男	62	3.7016	1.34426	0.17072
	女	173	3.3410	1.09936	0.08358
陌生人类人际交往	男	62	3.6129	1.32572	0.16837
	女	173	3.2197	1.11746	0.08496

通过独立样本 t 检验来考察不同性别的大学生用户在 B 站的社会交往情况上是否存在差异，结果显示：男、女在社会交往情况的"陌生人类人际交往"维度上存在显著差异。性别与其"熟人类人际交往"维度上无显著性，如表 10 所示。

3.5 变量相关性分析

3.5.1 自我呈现与主观幸福感影响分析

本文分别以主观幸福感的生活满意度和情绪平衡 2 个维度为因变量，以自我呈现为自变量，逐一进行回归分析。

表 10 社会交往情况独立样本检验

		莱文方差等同性检验		平均值等同性 t 检验						
		F	显著性	t	自由度	Sig.(双尾)	平均值差值	标准误差差	差值 95% 置信区间	
									下限	上限
熟人类人际交往	假定等方差	7.148	0.008	2.085	233	0.038	0.36057	0.17295	0.01982	0.70132
	不假定等方差	—	—	1.897	91.875	0.061	0.36057	0.19008	-0.01696	0.73810
陌生人类人际交往	假定等方差	7.512	0.007	2.260	233	0.025	0.39325	0.17400	0.05043	0.73607
	不假定等方差	—	—	2.085	93.861	0.040	0.39325	0.18859	0.01880	0.76770

首先是自我呈现对生活满意度的分析，如表 11 和表 12 所示。

表 11　自我呈现与生活满意度模型摘要

模型摘要 b					
模型	R	R 方	调整后 R 方	标准估算的错误	德宾-沃森
1	0.639a	0.409	0.396	0.71095	1.944

a. 预测变量：(常量)，逢迎讨好，理想化呈现，自我表露程度，真实的自我呈现，能力显示

b. 因变量：生活满意度

表 12　自我呈现与生活满意度相关性分析

模型		未标准化系数		标准化系数	t	显著性	共线性统计	
		β	标准错误	Beta			容差	VIF
1	(常量)	1.349	0.193		7.004	0.000		
	理想化呈现	0.265	0.065	0.307	4.060	0.000	0.450	2.221
	真实的自我呈现	0.105	0.072	0.113	1.464	0.145	0.431	2.318
	自我表露程度	0.080	0.066	0.096	1.213	0.226	0.414	2.418
	能力显示	0.134	0.086	0.175	1.558	0.121	0.206	4.857
	逢迎讨好	0.079	0.084	0.101	0.942	0.347	0.226	4.416
因变量：生活满意度								

分析得知，真实的自我呈现、自我表露程度、能力显示、逢迎讨好 4 个自变量的显著性均大于 0.05。说明这 4 个变量对

生活满意度均没有显著相关性,因此要剔除这 4 个变量,最终得到的回归模型及回归系数表,如表 13 和表 14 所示。

表 13　理想化呈现与生活满意度模型摘要

模型摘要 b					
模型	R	R方	调整后 R方	标准估算的错误	德宾-沃森
1	0.547a	0.300	0.297	0.76699	1.706

a. 预测变量:(常量),理想化呈现
b. 因变量:生活满意度

表 14　理想化呈现与生活满意度相关性分析

系数 α							
模型	未标准化系数		标准化系数	t	显著性	共线性统计	
	β	标准错误	Beta			容差	VIF
1　(常量)	1.982	0.173	—	11.473	0.000	—	—
理想化呈现	0.472	0.047	0.547	9.986	0.000	1.000	1.000

因变量:生活满意度

通过分析可得出,理想化呈现为 0.000,小于 0.05,说明理想化自我呈现与真实的自我呈现能够显著影响生活满意度。并且理想化自我呈现的 β 值为 0.472,为正数,说明理想化自我呈现和生活满意度呈正相关,即理想化自我呈现越多,与生活满意度情况就越好。

其次是自我呈现对情感平衡的影响分析。将自我呈现与情感平衡样本数据导入 SPSS 进行分析,如表 15 和表 16 所示。

表 15　自我呈现与情感平衡模型分析

模型摘要 b					
模型	R	R方	调整后 R方	标准估算的错误	德宾-沃森
1	0.568a	0.322	0.307	0.55405	1.687

a. 预测变量：(常量)，逢迎讨好，理想化呈现，自我表露程度，真实的自我呈现，能力显示

b. 因变量：情感平衡

表 16　自我呈现与情感平衡相关性分析

系数 α							
模型		未标准化系数		标准化系数	t	显著性	共线性统计	
		β	标准错误	Beta			容差	VIF
1	(常量)	2.003	0.150		13.345	0.000		
	理想化呈现	0.047	0.051	0.075	0.928	0.354	0.450	2.221
	真实的自我呈现	0.187	0.056	0.276	3.333	0.001	0.431	2.318
	自我表露程度	0.105	0.051	0.173	2.047	0.042	0.414	2.418
	能力显示	0.034	0.067	0.061	0.505	0.614	0.206	4.857
	逢迎讨好	0.065	0.065	0.114	0.999	0.319	0.226	4.416

因变量：情感平衡

通过分析得知，理想化呈现、自我表露程度、能力显示、逢迎讨好这4个自变量的显著性均大于0.05，说明这4个变量对情感平衡没有显著相关性，因此要剔除这4个变量，最终得到的回归模型及回归系数表，如表17和表18所示。

表 17 真实的自我呈现与情感平衡模型摘要

模型摘要 b

模型	R	R方	调整后R方	标准估算的错误	德宾-沃森
1	0.486a	0.237	0.233	0.58292	1.579

a. 预测变量：（常量），真实的自我呈现

b. 因变量：情感平衡

表 18 真实的自我呈现与情感平衡相关性分析

系数 α

模型		未标准化系数		标准化系数	t	显著性	共线性统计	
		β	标准错误	Beta			容差	VIF
1	（常量）	2.336	0.142	—	16.466	0.000	—	—
	真实的自我呈现	0.329	0.039	0.486	8.496	0.000	1.000	1.000

因变量：情感平衡

通过分析可得出，真实的自我呈现为0.000，小于0.05，说明真实的自我呈现能够显著影响情感平衡。并且理想化自我呈现的 β 值为0.329，为正数，说明真实的自我呈现与情感平衡呈正相关，即真实的自我呈现越多，情感平衡情况就越好。

3.5.2 自我呈现与社会交往情况影响分析

本文将社会交往情况分为"熟人类社会交往"情况与"陌生人类社会交往"情况2个维度，分别分析自我呈现对这两个维度的影响。

首先是自我呈现对"熟人类社会交往"情况的影响分析。

将自我呈现与"熟人类社会交往"情况样本数据导入 SPSS 进行分析，如表 19 所示。

表 19 自我呈现与"熟人类社会交往"情况相关性分析

模型		未标准化系数		标准化系数	t	显著性	共线性统计
		β	标准错误	Beta			容差
1	（常量）	0.390	0.236	—	1.648	0.101	—
	理想化呈现	0.396	0.080	0.358	4.950	0.000	0.450
	真实的自我呈现	0.410	0.088	0.343	4.645	0.000	0.431
	自我表露程度	-0.083	0.080	-0.077	-1.027	0.306	0.414
	能力显示	0.023	0.105	0.023	0.220	0.826	0.206
	逢迎讨好	0.115	0.103	0.114	1.120	0.264	0.226

因变量：熟人类

通过分析可知，自我表露程度、能力显示、逢迎讨好的显著性均大于 0.05，没有通过统计学检验，则说明这 3 个变量对熟人类社会交往情况没有显著相关性，因此要剔除这 3 个变量，最终得到的回归模型及回归系数表，如表 20 和表 21 所示。

表 20 自我呈现与"熟人类社会交往"情况模型摘要

模型摘要 b					
模型	R	R方	调整后 R方	标准估算的错误	德宾-沃森
1	0.673a	0.454	0.449	0.87360	1.964

a. 预测变量：（常量），真实的自我呈现，理想化呈现
b. 因变量：熟人类

表21 自我呈现与"熟人类社会交往"情况相关性分析

模型		未标准化系数		标准化系数	t	显著性	共线性统计
		β	标准错误	Beta			容差
1	(常量)	0.502	0.220	—	2.277	0.024	—
	理想化呈现	0.416	0.078	0.375	5.336	0.000	0.476
	真实的自我呈现	0.419	0.084	0.350	4.980	0.000	0.476

因变量：熟人类

通过分析可得出，理想化呈现与真实的自我呈现显著性均为0.000，小于0.05，说明理想化自我呈现与真实的自我呈现能够显著影响熟人类的社会交往情况。并且理想化自我呈现与真实的自我呈现的 β 值分别为0.416和0.419，均为正数，说明理想化自我呈现和真实的自我呈现与熟人类的社会交往情况呈正相关，即理想化自我呈现和真实的自我呈现越多，与熟人的社交情况就越好。

其次是自我呈现对陌生人类社会交往情况的影响分析。将自我呈现与陌生人类社会交往情况样本数据导入SPSS进行分析，如表22所示。

通过分析数据可知，自我表露程度、能力显示的显著性均大于0.05，没有通过统计学检验，说明这2个变量对陌生人类社会交往情况没有显著相关性，因此要剔除这2个变量，最终得到的回归模型及回归系数表，如表23和表24所示。

表22 自我呈现与"陌生人类社会交往"情况相关性分析

模型		未标准化系数		标准化系数	t	显著性	共线性统计
		β	标准错误	Beta			容差
1	(常量)	0.160	0.233	—	0.687	0.492	—
	理想化呈现	0.449	0.079	0.402	5.698	0.000	0.450
	真实的自我呈现	0.336	0.087	0.278	3.862	0.000	0.431
	自我表露程度	-0.032	0.079	-0.030	-0.405	0.686	0.414
	能力显示	-0.061	0.104	-0.062	-0.590	0.555	0.206
	逢迎讨好	0.212	0.101	0.209	2.099	0.037	0.226

表23 自我呈现与"陌生人类社会交往"情况模型摘要

模型摘要 b

模型	R	R方	调整后R方	标准估算的错误	德宾-沃森
1	0.696a	0.485	0.478	0.85644	1.945

a. 预测变量：(常量)，逢迎讨好，理想化呈现，真实的自我呈现

b. 因变量：陌生人类

表24 自我呈现与"熟人类社会交往"情况相关性分析

模型		未标准化系数		标准化系数	t	显著性	共线性统计
		β	标准错误	Beta			容差
1	(常量)	0.131	0.230	—	0.569	0.570	—
	理想化呈现	0.439	0.078	0.393	5.662	0.000	0.463
	真实的自我呈现	0.333	0.084	0.276	3.957	0.000	0.457
	逢迎讨好	0.141	0.054	0.139	2.624	0.009	0.796

因变量：陌生人类

通过分析可得出,理想化呈现与真实的自我呈现显著性均为 0.000,逢迎讨好的显著性为 0.009,均小于 0.05,说明理想化自我呈现、真实的自我呈现、逢迎讨好能够显著影响熟人类的社会交往情况。并且理想化自我呈现、真实的自我呈现、逢迎讨好的 β 值分别为 0.439、0.333 和 0.141,均为正数,说明理想化自我呈现、真实的自我、逢迎讨好与陌生人类的社会交往情况呈正相关,即理想化自我呈现、真实的自我呈现、逢迎讨好越多,与陌生人类的社交情况就越好。

3.5.3 社会交往情况与主观幸福感影响分析

本文将主观幸福感分为生活满意度与情绪平衡 2 个维度,分别分析社会交往情况对这 2 个维度的影响。

首先是社会交往情况对生活满意度的影响分析。将社会交往情况与生活满意度数据导入 SPSS 模型进行分析,得到回归模型及回归系数表,如表 25 所示。

表 25 社会交往情况与生活满意度相关性分析

模型		系数 α						
		未标准化系数		标准化系数	t	显著性	共线性统计	
		β	标准错误	Beta			容差	VIF
1	(常量)	2.290	0.157	—	14.551	0.000	—	—
	熟人类	-0.044	0.122	-0.056	-0.355	0.723	0.125	8.011
	陌生人类	0.449	0.121	0.583	3.701	0.000	0.125	8.011
因变量:生活满意度								

分析可得出,"熟人类社会交往"情况显著性为 0.723,大

于 0.05，没有通过统计学检验，所以我们将熟人类的社会交往情况剔除，得到以下回归模型及回归系数表，如表 26 和表 27 所示。

表 26　"陌生人类社会交往"情况与生活满意度模型摘要

模型摘要 b					
模型	R	R方	调整后R方	标准估算的错误	德宾-沃森
1	0.530a	0.281	0.278	0.77697	1.662

a. 预测变量：(常量)，陌生人类
b. 因变量：生活满意度

表 27　"陌生人类社会交往"情况与生活满意度相关性分析

系数 α							
模型		未标准化系数		标准化系数	t	显著性	共线性统计
		β	标准错误	Beta			容差	VIF
1	(常量)	2.274	0.151	—	15.052	0.000	—	—
	陌生人类	0.409	0.043	0.530	9.551	0.000	1.000	1.000

因变量：生活满意度

通过分析可得出，"陌生人类社会交往"情况显著性为 0.000，小于 0.05，显著性强。但 R 方为 0.281，相关性较差，回归方程对的拟合效果较差。陌生人类社会交往情况 β 值为 0.409，大于 0，说明"陌生人类社会交往"情况与生活满意度呈正相关，即与陌生人的社会交往情况越好，生活满意程度就越高。

其次分析社会交往情况对情感平衡的影响。将社会交往情况与情感平衡数据导入 SPSS 模型进行分析，得到回归模型及回归系数表，如表 28 所示。

表28 "熟人类社会交往"情况与情感平衡相关性分析

模型		未标准化系数		标准化系数	t	显著性	共线性统计	
		β	标准错误	Beta			容差	VIF
1	（常量）	2.994	0.101	—	29.554	0.000	—	—
	熟人类	0.094	0.079	0.216	1.188	0.236	0.125	8.011
	陌生人类	-0.001	0.078	-0.002	-0.013	0.990	0.125	8.011

因变量：情感平衡

由表28的数据可知，"陌生人类社会交往"情况显著性为0.990，大于0.05，没有通过统计学检验，所以我们将陌生人类社会交往情况剔除，得到以下回归模型及回归系数表，如表29和表30所示。

表29 "熟人类社会交往"情况与情感平衡模型摘要

模型	R	R方	调整后R方	标准估算的错误	德宾-沃森
1	0.214a	0.046	0.042	0.50011	1.811

a. 预测变量：(常量)，熟人类

b. 因变量：情感平衡

表30 "熟人类社会交往"情况与情感平衡相关性分析

模型		未标准化系数		标准化系数	t	显著性	共线性统计	
		β	标准错误	Beta			容差	VIF
1	（常量）	2.994	0.101	—	29.679	0.000	—	—
	熟人类	0.093	0.028	0.214	3.337	0.001	1.000	1.000

因变量：情感平衡

分析可得出，"熟人类社会交往"情况显著性为 0.001，小于 0.05，显著性强。但 R 方为 0.046，相关性差，回归方程对的拟合效果较差，最终呈现弱相关。

"熟人类社会交往"情况 β 值为 0.093，大于 0，说明"熟人类社会交往"情况与情感平衡呈正相关，即与"熟人类社会交往"情况越好，则情感平衡就越好。

3.5.4 社会交往情况中介作用分析

假设 4 认为，在 B 站大学生用户的社会交往情况在自我呈现对主观幸福感影响中起中介作用。本研究采用偏相关分析来检验社会交往情况的中介作用。中介作用的存在需要满足 4 个条件：第一，自变量和因变量之间显著相关。第二，自变量和中介变量之间显著相关。第三，中介变量和因变量之间显著相关。第四，当中介变量的影响被控制住后，若自变量和因变量之间的相关性明显降低，则中介作用得到证实；若自变量与因变量之间的相关性完全消失（相关系数不显著），则完全中介作用得到证实。

前面对假设 1 的验证说明：自我呈现与主观幸福感之间存在显著相关；对假设 2 的验证说明：自我呈现与社会交往情况之间存在显著相关；对假设 3 的验证说明：社会交往情况与主观幸福感之间呈显著相关。因此，接下来用偏相关分析来检验第 4 个条件——当中介变量社会交往情况的影响被控制后，自我呈现与主观幸福感的相关性是否会明显降低，如表 31 所示。

表31 社会交往情况与自我呈现和幸福感相关性分析

相关性					
控制变量			自我呈现	幸福感	社交情况
无①	自我呈现	相关性	1.000	1.000	0.357
		显著性（双尾）	0.000	0.000	0.000
		自由度	0.000	233	233
	幸福感	相关性	1.000	1.000	0.357
		显著性（双尾）	0.000	0.000	0.000
		自由度	233	0.000	233
	社交情况	相关性	0.357	0.357	1.000
		显著性（双尾）	0.000	0.000	0.000
		自由度	233	233	—
社交情况	自我呈现	相关性	1.000	1.000	—
		显著性（双尾）	0.000	0.000	—
		自由度	0.000	232	—
	幸福感	相关性	1.000	1.000	—
		显著性（双尾）	0.000	0.000	—
		自由度	232	0.000	—

①单元格包含零阶（皮尔逊）相关性。

从表31可得出，3个变量的零阶偏相关系数和一阶偏相关系数的计算结果，以及它们各自的显著性检验P值。在不控制社交情况时，自我呈现与幸福感之间是显著相关的；控制了社交情况之后，自我呈现与幸福感之间仍呈显著相关，两者之间的相关性没有变化，因此社交情况对于自我呈现和幸福感之间的相关关系没有影响，即社交情况的中介作用没有得到证实。

4 研究结论与创新

4.1 研究结论与讨论

4.1.1 B站大学生用户的自我呈现与主观幸福感之间呈正相关

社交媒体潜移默化着人们的认知、态度和行为，特别是当人们对外部世界的认知和评价越来越依赖媒体建构时，人们的主观幸福感也会随之受到媒介影响。而社交媒体不仅是当前互联网发展的趋势，而且也是大学生当中流行的应用工具。大学生在社交媒体发布自我展示的内容，会受到来自正面、负面或没有的反馈，这将在不同程度上影响他们的情绪。

4.1.2 B站大学生用户的自我呈现与社会交往情况之间呈正相关

通过调查发现，社交媒体使用模式中"与人交流"对个体主观幸福感影响最大，在与人交流过程中，个体会对朋友之间展示的近况形成一种比较，影响个体的主观幸福感。而在市场的厮杀追逐中，B站在视频博客市场中确立了"领头羊"的地位，较多的年轻用户通过分享视频、发表评论、发弹幕的形式分享自己的生活和心情，在这一过程中会密切他们在"强关系"网络中的社会交往，同时也产生"粉丝""网友"等弱关系人际交往。

4.1.3 B站大学生用户社会交往情况与主观幸福感之间呈正相关

B站是以二次元文化为主导的弹幕视频分享平台,也是具有代表性的青年亚文化空间,在这一空间中进行的人际交往抑或是跨平台交往所产生的认同感,影响了他们对于自我认同的感受,从而影响主观幸福感。

4.1.4 大学生在社交网络中的自我呈现主要表现在积极活动的呈现、正能量思想的呈现、积极情感的呈现

当今社会,社交媒体的功能不断扩展变得更加多元丰富,大学生足不出户就可以在社交媒体获取各种新鲜而有趣的信息,大学生在B站的自我呈现不仅展现他们的人生观和价值观,而且他们在精神层面的展现充实了社交媒体的多元化,激发更多网络现象的出现,如"发疯文学""正式确诊为某某"等,促进了网络氛围的活跃化,有利于产生"正面效应"。

4.2 研究创新点

以往传播学领域对社交媒体的研究多是单纯地分析社交媒体对于主观幸福感或社会化等单个要素的影响,而心理学领域对于社会支持、主观幸福感则较少从媒介使用的角度切入,本研究将二者结合,从社交媒体使用的角度切入,并引入社会交往情况作为中介变量,以此来探讨对大学生的影响。

5 局限性与未来研究方向

本文是针对大学生的社交媒体使用、社会交往情况、主观幸福感等问题的初步探索，因条件有限，所调研样本的地域范围相对较为集中，缺乏代表性，青少年自我呈现与主观幸福感的调研项目呈现较为有限，目前国内外对自我呈现与主观幸福感的研究范式还未完全统一。

后续的研究工作可以考虑从以下三个方面进行改进。一是进一步扩大样本量。更大的样本量可以进一步检验本研究所触及的社交媒体使用动机和行为、社会交往情况和主观幸福感的信度和效度，也可以更深入、全面地探索社交媒体使用与其他变量之间的关系，有助于更好地揭示大学生接触社交媒体过程中对其主观幸福感的作用机制。二是加入自尊、自我效能、孤独感等其他与大学生心理发展息息相关的变量。本文将主观幸福感作为结果变量，实际上社交媒体使用与大学生的孤独感、自我效能等其他变量也存在关联，后续研究可以考虑将大学生的线下社交、友伴关系、孤独感、自尊等变量引入，进一步丰富研究内容，呈现更为完整的媒介作用路径的脉络。三是扩大研究范围，采用跨地区的比较研究。从理论上来说，地缘背景也会影响到个人的媒体使用习惯；但在互联网时代，传播行为具有跨时空性，不同地区的大学生的社交媒体使用习惯是否存在显著差异性也是值得探讨的问题。

互动仪式链视域下用户互动行为探究

——以"微信运动"功能为例

孟依璘

为响应习近平总书记提出的"全民健身运动遍及全球，是彰显我国现代化程度的重要标志"的重要指示，我国先后颁布多项政策，以激发全民健身热情、投身健身实践，推动中国体育产业的发展和体育强国建设。2021年，国务院颁布《全民健身计划（2021—2025年）》指出：推进体育产业数字化转型，鼓励体育企业"上云用数赋智"，促进数据赋能增强全生产链的协调转型。❶ 全民健身技术的提出与实施，使大众运动活动从传统的"日常锻炼"转向"专业健身"，推动运动健身产业链的蓬勃发展。

目前，微信已成为中国使用最广泛的社交媒体，根据腾讯发布的2023年第二季度财报显示，截至2023年6月30日，微信及WeChat的合并月活跃账户数达13.27亿，几乎实现了对中

---

❶ 国务院印发《全民健身计划（2021—2025年）》[J]. 现代城市研究，2021，(9)：131.

国人口的全量覆盖。其中，基于微信平台展开的"微信运动"功能已经具备庞大用户基数，利用平台优势吸引海量用户参与。"微信运动"功能是一个基于微信发展壮大的公众服务账户，类似于 STEP 数据库。用户可以通过每日打开"微信运动"来查看他们的运动步数，还能够对其他用户的锻炼数据进行排名或点赞等多项功能。它代表了移动互联网时代体育、健身和社会发展的新立场，以及未来体育产业发展的新方向。❶

  本文选取微信用户热衷于开启"微信运动"这一功能，以互动仪式链理论为依托，利用访谈法从用户使用动机、互动模式和情感体验三个方面入手，探析"微信运动"中用户互动行为对参与者主体的信息共享意愿、窥私欲望及竞争意愿产生的逐条影响，并讨论"微信运动"功能是否加强了用户主动健身的意向，以及是否满足其互联网时代运动新体验。

1 理论基础

1.1 互动仪式链理论及"微信运动"功能

  "互动仪式"一词是由美国社会学家兰德尔·柯林斯提出，首次阐释互动仪式的运作模式与组成要素，从而创造性地提出了"互动仪式链理论"。柯林斯认为，此理论的核心机制是高水平的互动关注和情感连接能够形成群体符号，并给予参与者认

---

❶ 姬越. 互联网+健身社交——以微信运动为例 [J]. 新闻论坛, 2018 (6): 81-82.

同感与情感能量。该理论认为,个人的所有互动都是发生在微观层面,且与宏观的社会层面相关。❶ 柯林斯提出的互动仪式链理论非常重视沟通过程中人与人的互动和群体文化的构建,认为互动仪式链具有"因果联系"和"情绪能量"等特征,其中"情绪能量"是个体参与互动的主要动力。互动行为和情感连接所产生的情绪能量再次投入下一个互动仪式中,周而复始。

"微信运动"由腾讯公司开发,是一款基于微信发展起来的记录每日行走步数的运动类服务平台。近年来,人们对运动类社交平台的需求不断增大,微信运动不断推出新功能,这种参与式的服务形式不断激发用户的使用热情,深受用户的青睐。随着"微信运动"受众规模的不断扩大,运动类社交平台已经成为移动互联网中不容忽视的类别,具有丰富的研究价值与文化内涵。

因此,本文通过选择"互动仪式链"这一理论模型分析体育社交平台中用户的互动行为,调查其行为动机的产生过程和实际效果,并提出合理的建议。

1.2 理论价值

首先,通过梳理微信用户使用"微信运动"功能这一现象,了解运动社交平台的发展现状,解析用户在使用"微信运动"功能中的社交互动行为,对全民健身的推广及优质内容的开发与生产都具有积极意义。其次,微信是网民的聚集地,其行为举止、生活方式都深受互联网的影响,以"微信运动"平台的

---

❶ 柯林斯. 互动仪式链 [M]. 林聚任,王鹏,宁丽君,译. 北京:商务印书馆,2009.

用户为研究对象,可以更加深入地了解网民的心理与生活状态,进一步探析移动互联网时代互动型运动模式存在的问题,对互联网环境下运动社交平台的建设提供借鉴与参考,有助于重塑健康良性的行业发展机制,对于促进全民健身向高端化、专业化和人性化的未来发展有着积极意义。

在"互动仪式链理论"中,柯林斯从微观视角出发,着重讨论情感在互动仪式中的关键要素和作用效果,个人拥有大量的情感能量是形成仪式团结的基础,成员形成仪式团结会产生认同感与归属感。❶而本研究讨论的"微信运动"功能是一种互动感强、拥有独具一格的天然社交属性的互动方式,该功能汇聚了大量的体育爱好者与社交媒体参与者,使他们能够在互联网平台上频繁交流互动。由于"微信运动"功能的呈现形式具有互动传播属性,用户在社交媒体中接收到的互动仪式是导致"微信运动"得以长久发展的重要原因之一。因此,以"互动仪式链"为理论依托,探索互动过程中形成群体认同与符号建构,对于开展研究、丰富"互动仪式链"的研究案例,具有一定理论价值。❷

2 研究进展

近年来,新闻与传媒学科的学者对于"互动仪式链理论"

---

❶ 柯林斯. 互动仪式链 [M]. 林聚任,王鹏,宁丽君,译. 北京:商务印书馆,2009.

❷ 葛葭葭,李爱群. 互动仪式链视角下体育网络社区用户互动行为探究——以虎扑 APP 篮球社区为例 [J]. 体育研究与教育,2022,37 (5):5-8.

的科学研究主要集中在网络直播、社交媒体用户互动仪式的创建机制、互动模型等方面。从研究角度上看,主要分为使用动机研究、使用效果研究和理论研究这三个方面,以下内容对其进行了概括分析。

2.1 使用动机研究

杨玉宛基于健康传播角度,分析个体运动社会化趋势,探索个体运动数据、社会化和健康行为之间的联系,研究发现这种社交方式对用户的健康行为产生了显著影响,进一步分析了该互动过程中信息传播对于个人健康行为的促进作用,以及个人对社会群体的健康关注。❶ 姜红与龙晓旭认为,"微信运动"将个人日常行为融入社交媒体中,使之成为可以量化的数据库。总结出数字化媒介深入个体社会与日常生活,社交关系问题也由传统的具身交往转化为数字交往问题。❷ 从使用动机角度来说,学者多认为"微信运动"携带社交属性,用户将其视为连接社交关系、展开社会交往的渠道,"微信运动"在此担任人际传播及大众传播功能。

2.2 使用效果研究

刘沙与文安采取问卷调查法,通过研究"微信运动"的点赞功能得出结论——不同的使用动机会在不同程度上影响用户的点赞行为,个人满意度和健康关注对于用户的点赞行为有着

---

❶ 杨玉宛. 基于互联网背景下的个体运动的社交化对健康行为的影响——以"微信运动"为例 [J]. 中国战略新兴产业, 2018 (44): 93.

❷ 姜红, 龙晓旭. 在"可见"与"不可见"之间: 微信运动中的个体生活与数字交往 [J]. 现代出版, 2022 (3): 11-20.

积极影响。❶ 雷丽彩与曾恩钰通过"微信运动"的"排行榜"功能对用户建立影响用户行为机制的研究假设和模型。研究可见，"微信运动"的"排行榜"功能对用户的运动行为有正向影响，反观"排行榜"这一机制，不同性别的用户对运动社交的态度有显著区分。❷ 在使用效果角度，学者主要通过"微信运动"的"点赞机制"和"排行榜"功能展开研究，认为"微信运动"用户对信息有着较强烈的共享意愿及竞争意愿。

2.3 理论研究

在理论研究中，邹雪基于符号互动理论，分析用户如何通过符号建构运动健身文化。她认为，参与者通过分享步数获取运动成就，以及来自其他用户的身份认同，并能够在圈层互动中获得集体认同。❸ 刘沙与文安根据"行为动机理论"和"使用与满足理论"，从"微信运动""点赞"功能出发，探究个人满足、社会交往、健康关注等多重维度探析点赞行为的使用动机模型。❹ 葛葭葭与李爱群从"互动仪式链理论"出发，结合运动社交APP，解读体育社区中用户的社交行为，探讨运动社交

---

❶ 刘沙，文安. 微信运动点赞行为动机分析 [J]. 西安工业大学学报，2021，41（5）：595-601.

❷ 雷丽彩，曾恩钰. 微信运动"步数排行榜"对用户运动行为的影响 [J]. 管理科学，2021，34（2）：56-68.

❸ 邹雪. 微信运动情境中健身文化认同与传播——基于符号互动论的视角 [J]. 绵阳师范学院学报，2020，39（11）：136-139.

❹ 刘沙，文安. 微信运动点赞行为动机分析 [J]. 西安工业大学学报，2021，41（5）：595-601.

APP的网络生态环境,并提出相关建议。[1] 姜红与龙晓旭使用深度访谈法,基于可见性理论设计研究方案,提出"微信运动"中"可见性"模型的生成框架与影响。[2] 理论研究显示,"微信运动"的功能存在容易暴露个人行踪、窥探用户隐私的问题,使其成为用户隐私的"监视器",将用户自身置于他人的凝视之中。学者多认为,用户对于信息有较为明显的窥私欲望。

近些年来,国内学者以柯林斯的"互动仪式链理论"视角对互联网新型体育健身的先验研究成果较少,鲜有将用户视作互动仪式链的主体,通过访谈资深用户,从使用体验、互动方式和情感体验价值这三个层面了解其对社交媒体平台运动健身的认知评价,从而梳理"微信运动"对用户互动行为产生的作用机制,多以传统健身运动用户的互动行为为主。因此,本文以"互动仪式链理论"框架探究"微信运动"用户的互动行为,非常值得探讨。

3 研究设计

3.1 研究假设

近年来,随着国民生活水平的提高和全民健身的普及,运动健身受到广泛关注。"微信运动"是一款具有锻炼属性的公众服务账号,可以随时随地记录运动信息。首先,大多数体育健

---

[1] 葛葭葭,李爱群. 互动仪式链视角下体育网络社区用户互动行为探究——以虎扑APP篮球社区为例 [J]. 体育研究与教育,2022,37 (5):5-8.

[2] 姜红,龙晓旭. 在"可见"与"不可见"之间:微信运动中的个体生活与数字交往 [J]. 现代出版,2022 (3):11-20.

身 APP 用户的主要目的是获取健康信息，为此，提出假设 1。

H1："健康关注是用户使用"微信运动"的主要动机之一。

其中，健康关注主要是指使用者通过开启"微信运动"功能，关注自己和好友的健康行为，这样可以达到对自身健康的关注，并与好友更好地互动。

其次，社交媒体中的每一位用户都是信息的传播者和接受者，用户彼此之间通过建立联系、分享资源信息而达到自我认同与满足。为此，提出假设 2。

H2："微信运动"对用户的集体认同有正向影响。

其中，集体认同是指用户之间共同的关注点成为互动仪式持续推进的关键要素，参与者之间产生共鸣，使"微信运动"用户更好地参与其中、表达自己。

最后，从理论出发，"互动仪式理论"将情感能量视为社会重心，尤其强调情感连接的重要性。目前心理学领域的相关研究，将共情分为认知共情与情绪共情两种。认知共情是指，在对于他人观点的认知过程中，通过想象他人和自己的双重视角体会其他人的处境。而情绪共情则是一个自下而上的过程，是个体与生俱来的能力。❶ 为此，提出假设 3。

H3："微信运动"对用户的情感共享有正向影响。

使用者通过在"微信运动"的分享互动，使其在共同兴趣的讨论中得到情感共享。同时，群体内部共同的兴趣爱好为使用者带来了情感能量，形成一定的情感共同体。

---

❶ 黄翯青，苏彦捷. 共情的毕生发展：一个双过程的视角 [J]. 心理发展与教育，2012，28（4）：434-441.

3.2 研究方法

本文主要采用深度访谈法,意在探究"微信运动"用户群体的互动行为。如前文所述,"微信运动"用户均使用微信 APP,因此,本研究的访谈对象限定于使用微信的用户群体,且须有半年以上使用"微信运动"的经验。为了保证访谈法的客观有效性,本文笔者从自己的"微信运动"平台出发,随机抽取"微信运动"中的 5 位好友,再使用滚雪球抽样的方式,分别从 5 位好友的微信中选取使用"微信运动"的 2 位好友作为访谈对象,共对 15 名访谈对象进行深度访谈。该研究的 15 位访谈对象的年龄分布在 14~69 岁,性别分别为 8 位女性和 7 位男性,分别编号 A01~A15。

本研究主要采取线上访谈与线下访谈相结合的方式,对上述访谈对象有针对性地进行半结构化访谈。每位访谈对象平均访谈时长为 23 分钟,每次访谈形成的文字稿在 1500~2000 字,访谈文本将近 3 万字。

3.3 访谈内容与重点

访谈共 13 道题,主要由三部分组成。一是每位访谈对象的个人基本情况;二是访谈对象在"微信运动"的使用期间与他人的互动情况;三是从"微信运动"中获得的自我认知与情感体验。为保证访谈内容的客观与完整,通过对除 15 名访谈对象以外的 5 名"微信运动"用户进行预访谈,再根据其反馈意见对访谈内容作进一步完善。进行访谈时,首先提问访谈对象"微信运动"使用情况,并询问其主要使用哪些功能,随后进一步了解访谈对象与他人的互动模式与使用体验，询问是否有记忆深刻的使用经历。

访谈的重点在于访谈对象使用"微信运动"过程中的互动行为的情感体验两部分。此外，该研究还使用内容分析法作为补充：首先，通过业界相关媒体报道了解"微信运动"的用户规模与发展历程；其次，关注微博平台中"微信运动"相关话题和超话中的热门帖子，采集有关"微信运动"的相关评论。通过大数据与文本分析为研究提供较为客观的参考。

4 "微信运动"互动仪式链的构建与讨论

根据访谈结果进行文本分析可以发现，在研究假设中，健康关注是用户使用"微信运动"的首要动机，其他动机依次为社会交往、个人满足和窥探他人，故 H1 成立；"微信运动"对用户的集体认同无积极或消极影响，故 H2 不成立；"微信运动"对用户的情感共享有正向影响，故 H3 成立。此外，基于深度访谈和内容分析，发现"微信运动"中互动仪式链的构建及用户的使用动机与行为还存在以下特征。

4.1 信息共享创造社交互动空间

柯林斯在其"互动仪式"模型中提出："参与线下会话的成员利用有节奏的会话形式协调气氛，会话相当于'节拍器'，拉近对话者的距离,形成群体团结。"❶ "微信运动"中的内容生产主要以 UGC 模式进行,赋予了用户更多的自主权。在这种线上的健身社交平台中,用户之间的信息共享可以视作会话起点,在平台排行榜、步数挑战等功能的刺激下,加之该群体多为运动健身爱好者,使用户对运动社交的热情高涨。因此,寻求信息共享成为他们开启使用"微信运动"的主要动因。在访谈中,大部分访谈对象都赞同这一观点。

访谈对象 A07 称:"有时看到好友微信步数排名很低,就知道他一定一整天没有运动,于是会点开'对话框'嘲笑一番。"访谈对象 A09 也表示:"'微信运动'能够更加直观地看到自己和其他好友的步行数据,每位好友每天的自律与懒惰将一目了然。"

因此,社交共享营造了积极的全民健身环境。"微信运动"的社交互动性质不仅存在于表层的人际交往关系中,而且还改善了用户健康行为的深层逻辑。用户个人的使用行为可以通过社交平台分享传播,因此,无论是主动抑或是被动的运动健身,"微信运动"功能都能够帮助其找到共同兴趣的好友,使运动社交行为自身的积极影响放大化,为他们自己及好友圈创造正向互动交往。

4.2 参与者主体的虚拟交互

移动社交媒体的共享性与交互性打破了场所的限制,用户可以通过虚拟世界的在场感弥补与现实世界的交互,使网民之间形成线上社交链。以"微信运动"为例,用户使用微信 APP

---

❶ 柯林斯. 互动仪式链 [M]. 林聚任,王鹏,宁丽君,译. 北京:商务印书馆,2009.

进入子功能——微信运动公众平台，微信账号、昵称和头像成为他们身份的代表。进入平台后，用户可以随时随地查询自己或好友的今日步数及排名，每个用户还可以设置属于自己的"微信运动"封面，在自己成为其他好友的"排行榜"冠军时显示该封面。同时，用户也可根据自己的喜好通过点赞、分享给好友、转发到朋友圈和发起步数挑战等机制与好友展开社交与互动。数字化时代带来更强的参与感与在场感赋予用户之间进行联系。❶

访谈对象 A13 称："每天都会点进'微信运动'着重浏览步数'排行榜'，并给前几名好友点赞，久而久之某一天我的步数名列前茅时也会得到很多好友点赞。"访谈对象 A01 也表示："'微信运动'有一项少有人关注到的'捐步数功能'，在运动量大的当日，自己会将步数捐出做公益，收获满满成就感。"用户之间的交互行为是互动仪式中的主体，这类行为将会基于相关运动属性产生情感联结与情感表达。由此可见，用户互动仪式与参与者主体的运动行为关联性较强。

4.3 窥视欲致"微信运动"成为"日常行踪监视器"

运动社交平台虽然允许他人查看自己的运动主页，但观看信息与被观看信息双方存在差异。"微信运动"中的每个用户的步数变化会随身体移动不断刷新，这一变化同时也被他人观测到。由此可见，时间维度中步数的动态变化可能会推测出参与者在特定时间下的行动状态，这一隐藏维度在"微信运动"中可以被窥探。

---

❶ 葛葭葭，李爱群. 互动仪式链视角下体育网络社区用户互动行为探究——以虎扑 APP 篮球社区为例 [J]. 体育研究与教育，2022, 37 (5)：5-8.

访谈对象 A11 说:"我的前男友就经常偷偷看我的'微信运动',还会问我是不是很晚了还出去玩,这令我很烦恼。"访谈对象 A02 也表示:"离家上学后,我的妈妈还会在过了零点后发消息问我是不是在熬夜?因为我的'微信运动'步数在零点之后会有变化。"访谈对象 A15 回忆道:"毕业季,我瞒着家里人偷偷去毕业旅行,一天走了两万多步,晚上在酒店接到家里人打来的视频,问我在学校怎么走这么多步?无奈之下,我只好坦白了自己的行程。"

由于"微信运动"并不会向好友发送其每时每刻的运动数据,因此观看者只能通过频繁地点击服务号才能进行查看与比较,因此需要进行格外观察。然而,上述被窥探的感觉会让用户感到不安与紧张,更令人不适的是,这种观察一般情况下会在公开场合的交流中变为可见。从这一层面来说,此时"观看者"与"被观看者"双方存在差异,这一点在一定程度上揭示了社交平台中的隐私危机问题。❶

4.4 竞争模式下参与式运动新体验

竞争作为一种普遍行为存在,是一种人类本性。其中,运动健身更是能够最直观地被人们认可与比较。"微信运动"作为一个由众多用户共同营造的运动社交平台,简单明了的运动数据可以让参与者的感受更加直观,方便用户进行比较。在"微信运动"的使用期间,步数排行榜、用户间发起连线挑战均呈现出竞争关系,每晚十点左右更新的步数消息提示,更能让用

---

❶ 姜红,龙晓旭. 在"可见"与"不可见"之间:微信运动中的个体生活与数字交往 [J]. 现代出版, 2022 (3): 11-20.

户了解其他好友的运动情况,"排行榜"上一目了然的步数排名也会引起参与者的竞争感。

访谈对象 A04 表示:"休息日,自己在家躺了一天,点开'微信运动'看到很多好友走了一万多步,我马上起床围着客厅走了几圈,生怕在排行榜垫底儿。"健身工作者访谈对象 A05 抱怨称:"我的日常工作是和学员们打交道,教他们如何健身塑形,养成良好的运动习惯。结果休息日时,我却以几十步在'微信运动''排行榜'垫了底儿。我怕被学员看到,就马上关闭了'微信运动'功能。"

由于"微信运动"数据记录的单一性原则,某些用户会为了盲目竞争而去追求超高的数据记录,进而占领"排行榜"榜首;在"微博热帖"的一条评论中,还有用户会将手机绑在小狗腿上刷数据,导致该功能的专业性与客观性不高。反观目前市场流通的一些运动手表、智能手环等设备,可以全方位地记录运动者的脉搏、血氧和睡眠等状况,同时还有更专业的运动类 APP,如 keep、薄荷健康等,有效统计了使用者在运动期间的消耗以及日常摄入的卡路里数据,此外还有各项身体指标评估等多功能模式。❶

然而,正是因为用户在"微信运动"中处于彼此竞争的环境,刺激了其他用户在第二天的运动中增加运动量,从而达到目标步数或排名以获得成就感。以此来更加积极地使用"微信运动"功能来坚持体育锻炼,实现身体健康的目标。

---

❶ 王晓晨,付晓娇. 健身、社交、情感:运动健身 APP 网络社群的互动仪式链 [J]. 沈阳体育学院学报,2022,41(3):64-70.

5 结　语

"微信运动"起源于微信这一社交APP，具有较强的大众传播和人际传播功能，随着互联网技术和移动设备的快速发展，运动社交正成为年轻人生活的重要组成部分，成为社会发展的新趋势。"微信运动"突出强调"互联网+健身社交"模式的发展趋势，为体育健身和社交平台提供更多体验。在全民健身运动的蓬勃发展中，面对各种社交健身应用，"微信运动"很好地展示了个体运动行为如何被呈现在社交平台，也对未来的健康行为产生了积极影响。

数字化时代，技术赋权允许人们在网络平台中进行虚拟聚合，同时"互动仪式链理论"越来越多地应用于媒体研究。利用这一理论框架，从互动仪式的互动行为与情感体验出发，研究了"微信运动"用户的使用动机和行为动机。通过虚拟交互，用户在社群中形成相互关注的参与感与情感体验。未来，体育行业应从人们最迫切的需求出发，更新其技术平台，在"互联网+全民健身"的发展过程中，运动类社交平台应全面审视当前发展中存在的利弊，进一步整合产业中出现的新理念，以满足不断变化的需求。此外，如何有效利用微信平台的数据库打造全面、科学、高效的全民健身大数据平台，为国家健康发展提供专业支持和安全保障，也成为运动社交发展的新趋势。最终，加强行业健康良性发展机制，了解群众的健身需求，促进全民健身向高端化、专业化和人性化的未来发展，共同营造一个良好的网络生态环境。